职业教育新形态系列教材

STEM 精选项目设计与制作
STEM JINGXUAN XIANGMU SHEJI YU ZHIZUO

主　编　康摇生　梁志远　黄小龙
副主编　王　晨　刘　俊　陈海标
　　　　吴文杰　梁　捷
参　编　韩　冰　冯光华　陈　刚
　　　　王博为　晏美凤　刘莉莉
　　　　李宗跃
主　审　宋小安

中国地质大学出版社
ZHONGGUO DIZHI DAXUE CHUBANSHE

图书在版编目(CIP)数据

STEM精选项目设计与制作 /康摇生,梁志远,黄小龙主编. —武汉:中国地质大学出版社,2024.8
职业教育新形态系列教材
ISBN 978-7-5625-5876-7

Ⅰ.①S… Ⅱ.①康… ②梁… ③黄… Ⅲ.①科学知识-课程设计-职业教育-教材 Ⅳ.①G302

中国国家版本馆 CIP 数据核字(2024)第 107004 号

STEM 精选项目设计与制作		康摇生　梁志远　黄小龙　主编	
责任编辑:何　煦	选题策划:张　琰		责任校对:张咏梅
出版发行:中国地质大学出版社(武汉市洪山区鲁磨路388号)			邮编:430074
电　　话:(027)67883511	传　　真:(027)67883580		E-mail:cbb@cug.edu.cn
经　　销:全国新华书店			http://cugp.cug.edu.cn
开本:787 毫米×1092 毫米　1/16		字数:295 千字	印张:11.5
版次:2024 年 8 月第 1 版		印次:2024 年 8 月第 1 次印刷	
印刷:武汉精一佳印刷有限公司			
ISBN 978-7-5625-5876-7			定价:68.00 元

如有印装质量问题请与印刷厂联系调换

前言 PREFACE

本书由佛山市教育科学"十三五"规划基础教育青年教师成长专项课题"中职学校创客空间建设与应用研究"课题组及2019年顺德区教育科学"十三五"规划创新课题"中职创新人才培养途径与策略的实践研究"课题组与佛山市先导数码科技有限公司、佛山光小猿教育科技有限公司、佛山智码科技有限公司及佛山市骏铭三维科技有限公司共同完成。

STEM是什么？STEM是科学（science）、技术（technology）、工程（engineering）、数学（mathematics）四门学科英文首字母的缩写，其中科学在于认识世界、解释自然界的客观规律；技术和工程是在尊重自然规律的基础上改造世界，实现与自然界的和谐共处，解决社会发展过程中遇到的难题；数学则作为技术与工程学科的基础工具。STEM教育是让学生面对真实情境中的问题，将科学探究、技术制作、工程设计和数学方法有机统一，让学生运用跨学科的知识和技能来解决实际问题，从而提升自身的创新意识和创新能力，实现个人全面发展的一种教育方式。

通常，学生在课堂学习中所接触的问题不能够持续激发他们的创造性思维，而将科学、技术、工程、数学知识融为一体的STEM教育是培养和发展学生基础创造力的工具。近年来，我国形成了一股STEM教育热潮，在行政推动和市场驱动下，广大中小学校在课程开发、空间建设、教学实施等方面取得了较为丰硕的实践成果。本书旨在探索STEM学习模式在提高学生创造性思维能力方面的有效途径。

此外，将STEM教育推广到教师职前教育是很有必要的，因为大多数在职教师从未听说过STEM教育。STEM能够帮助学生在21世纪获得有效的整合学习能力。总的来说，STEM学习模式的好处是可以预见的，其中包括培养创造性思维能力、逻辑能力、创新能力和生产力；培养学生在解决问题时的合作精神；从工作的视角让学生做好准备；利用技术创造和传播新的解决方案，培养学生发现问题和解决问题的能力；通过提高学生的能力，将经验融入学习过程，从而培养学生所必需的技能并形成标准的技术素养。

本书编者从STEM学习模式出发，设计了16个项目。通过使用本书，学生能全方位体验项目的设计制作、验证反馈、改良设计等全部流程。

由于编者知识水平有限，书中难免存在不足之处，还望各位读者批评指正。

编者
2023年10月

目 录 CONTENTS

项目一　　认识 Mixly ……………………………………………………（1）
项目二　　制作红绿灯 ………………………………………………（8）
项目三　　制作抢答器 ………………………………………………（20）
项目四　　制作电子门铃 ……………………………………………（30）
项目五　　制作调光灯 ………………………………………………（41）
项目六　　制作抽奖机 ………………………………………………（52）
项目七　　制作光控灯 ………………………………………………（62）
项目八　　制作温度显色器 …………………………………………（71）
项目九　　制作声控灯 ………………………………………………（87）
项目十　　制作倒车雷达 ……………………………………………（98）
项目十一　制作测距仪 ………………………………………………（108）
项目十二　制作环境检测仪 …………………………………………（120）
项目十三　制作招财猫 ………………………………………………（132）
项目十四　制作按钮转向灯 …………………………………………（143）
项目十五　制作计时器 ………………………………………………（154）
项目十六　制作公园人数计算器 ……………………………………（167）

序目

项目一　认识 Mixly

一、项目目标

(1) 认识 Mixly 软件并熟悉软件界面。
(2) 掌握主板及扩展板各端口的作用及使用方法。
(3) 学会使用 Mixly 软件编程完成项目任务。

二、项目任务

1. 任务描述

本项目任务是熄灭(点亮)一个 LED 灯,通过项目任务掌握如何使用 Mixly 软件、主板及扩展板。

2. 任务流程图

本项目的任务流程图如图 1-1 所示。

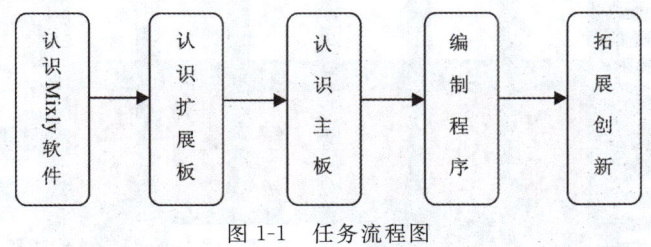

图 1-1　任务流程图

三、背景知识

1. Mixly 软件

目前,开源硬件的常用编程软件 Arduino IDE 是国际通用的软件,但此软件是使用源代码进行编写的,没有基础的初学者使用起来不方便,所以北京师范大学开发出图形化编程软件 Mixly,把烦琐的编程转换成类似积木的堆积。Mixly 中文名叫米思齐,它是一款开源免费的编程软件,界面如图 1-2 所示。

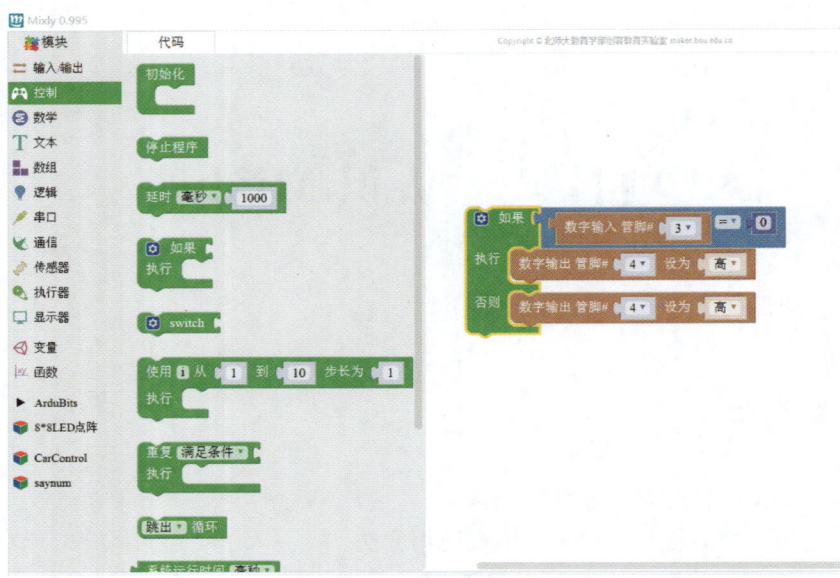

图 1-2　Mixly 软件界面

2. 认识扩展板（图 1-3）

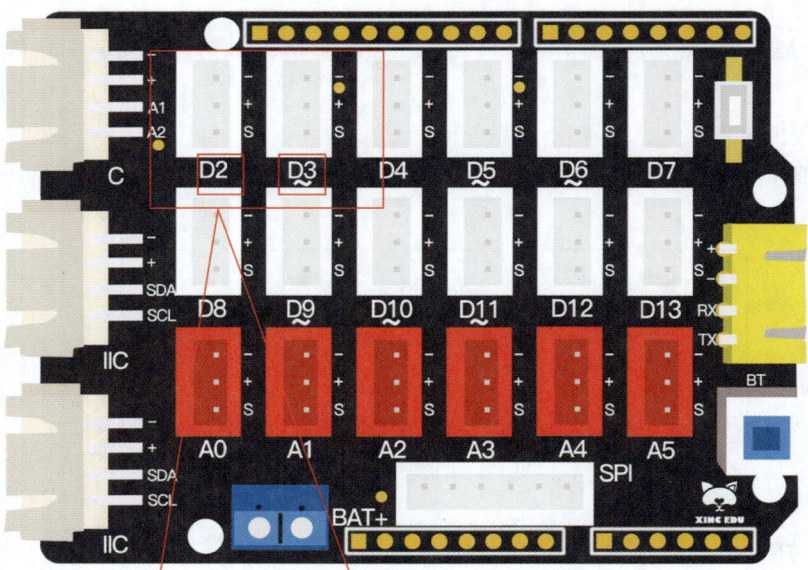

图 1-3　扩展板

> 观察一下扩展板会发现，D2、D3 端口都是数字端口，但 D3 端口也叫 PWM 端口。区别：①PWM 端口在数字下有"～"，而普通数字端口无；②普通数字端口只能输出高、低电平，而 PWM 端口（脉宽调制，主要调节频率和占空比）可在高、低电平之间切换，模拟近似模拟量的输出效果（0～255）。

3. 认识主板（图 1-4）

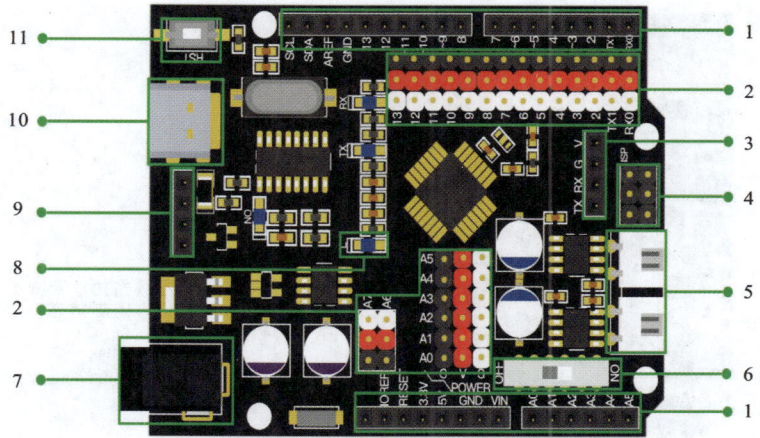

1. 排母管脚；2. 排针管脚；3. 蓝牙模块端口；4. ICSP 端口；5. 两路电机驱动；6. 电机切换开关；7. 电源插座；8. 指示灯；9. 显示屏端口；10. USB 数据接口；11. 复位按钮。

图 1-4　主板

四、操作指导

1. 安装驱动（图 1-5）

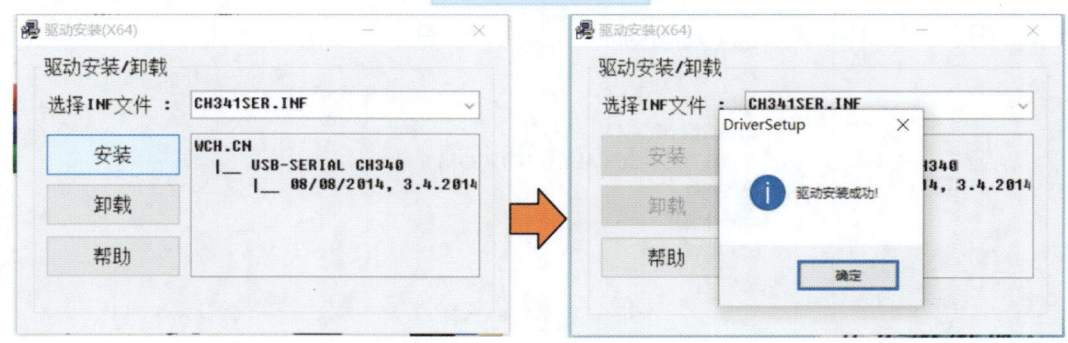

图 1-5　安装驱动

2. 连接主板

拿起主板,将主板用数据线连在电脑主机的 USB 插口上(图 1-6)。

图 1-6　连接主板

3. 串口的选择

右键单击"计算机"或"我的电脑",选择"属性",在弹出的"系统"窗口中选择"设备管理器",展开"端口(COM 和 LPT)",找到带有"USB – SERIAL CH340"的串口号。不同的计算机对应不同的串口号,图 1-7 为 COM3。

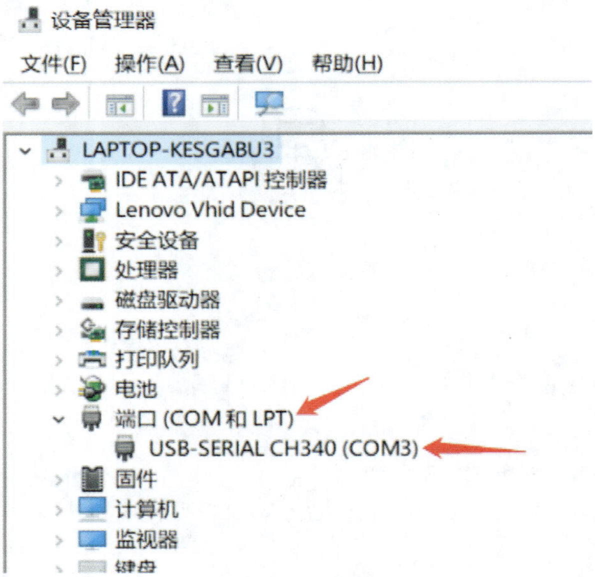

图 1-7　串口的选择

4. 启动 Mixly 软件

在这个软件里,为点亮第一个灯我们将写下第一个程序。图 1-8 是启动后的软件界面。

项目一 认识 Mixly

图 1-8 软件界面

5. 如何使用 Mixly 软件

Mixly 软件的模块区包含"输入/输出""控制""数学"等 13 个模块。单击不同的模块,可以看到此类别下的代码块。添加代码块时,只需将其拖至右侧的白色编程区即可。删除编程区的代码块有以下几种方式。

(1)右键单击代码块,选择"删除块"。

(2)将代码块拖至编程区右下角的垃圾桶。

(3)将代码块快速拖至左侧的模块区,松开按键。

(4)选中代码块,按键盘上的 Delete 键。

代码块的剪切、复制、粘贴、撤销等操作与一般软件相同。

6. 认识"数字输出"代码块

"数字输出"代码块位于"输入/输出"模块(图 1-9)中,作用为设置指定管脚号和其输出电平值。选择相应的数字管脚,将电平值设置为"高"即可点亮 LED 灯。

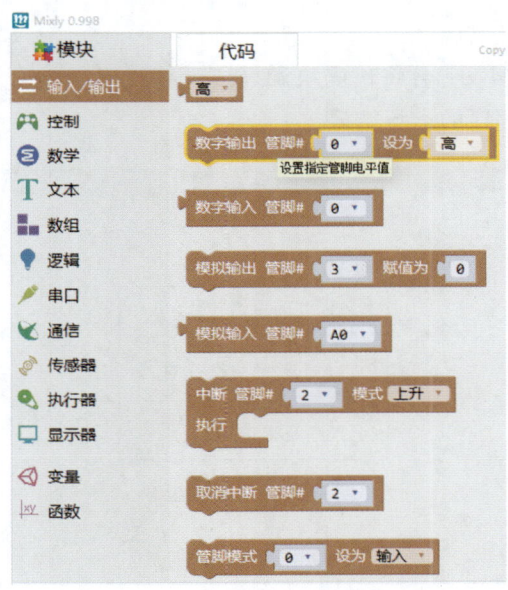

图 1-9 "输入/输出"模块

— 5 —

7. 熄灭灯

如图 1-10 所示，选择 13 号管脚，将电平值设为"低"，即可把主板上的 LED 灯熄灭。

图 1-10　熄灭灯

8. 功能菜单介绍（图 1-11）

小提示：滚动鼠标滚轮可缩放界面，左键点击空白处拖动可平移界面。

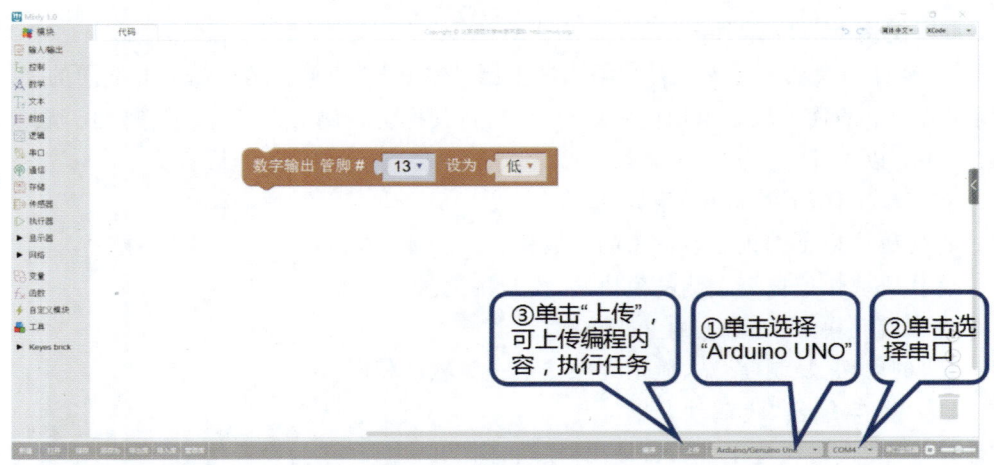

图 1-11　功能菜单

9. 使用测试——连接主板

单击"上传"按钮后，Mixly 会将代码块翻译成计算机可以"读"懂的语言，当信息显示区提示上传成功，就可看到程序的运行结果。

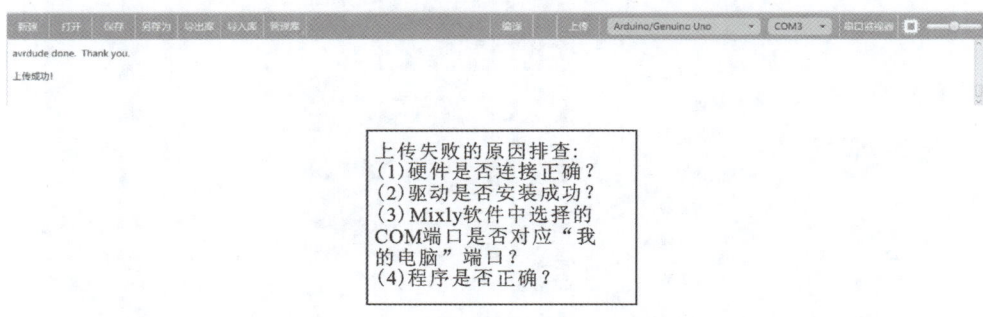

图 1-12　连接主板

五、项目评价

项目考核及评分标准见表1-1。

表1-1 项目评价表

班级		同组人	
姓名		工时	
日期		得分	

序号	考核项目	配分	评分标准	扣分	备注
1	主体搭建情况	40	①不能正确安装驱动,扣15分 ②不能正确连接主板,扣15分 ③不能正确操作添加和删除代码块,扣5分 ④不会操作Mixly软件界面,扣5分		
2	项目完成情况	40	①不会使用"数字输出"代码块,扣10分 ②未能通过设置管脚熄灭主板上的灯,扣10分 ③未能正确上传代码,扣10分 ④下课未能及时上交完整作业,扣10分		
3	上课状态	20	①上课玩手机、睡觉,扣10分 ②上课随意离开教室,扣5分 ③上课结束不整理座位,扣5分		

六、拓展练习

(1)扩展板(A0~A5)数字端口的作用是什么?
(2)扩展板中数字端口与有"~"的PWN端口的区别?
(3)若想熄灭灯,数字输出管脚应该设置为高电平还是低电平?

项目二　制作红绿灯

一、项目目标

(1) 理解红绿灯的工作原理。
(2) 掌握红绿灯程序编写方法。
(3) 学会结合 Mixly 软件制作红绿灯。

二、项目任务

1. 任务描述

本项目任务是制作一个红绿灯,通过具体任务学习红绿灯的相关知识,并使用程序控制红灯、绿灯及黄灯的点亮时长。

2. 任务流程图

本项目的任务流程图如图 2-1 所示。

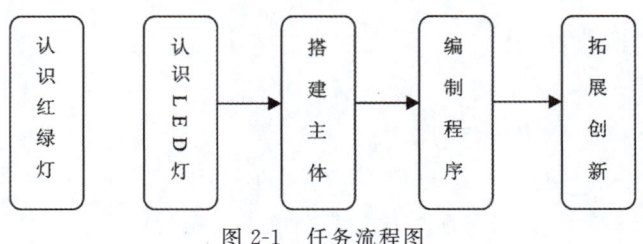

图 2-1　任务流程图

三、功能模块

学习本项目需要的材料和命令组见表 2-1。

表 2-1 材料及命令组

类型	名称	作用
功能模块	红色、黄色、绿色 LED 灯各 1 个 ／ 主板 1 块 ／ 扩展板 1 块	LED 灯：发光；主板、扩展板：提供电源，将不同功能模块连接在一起传递信息
木板	18 孔大底板 1 块 ／ 主板底座 1 块 ／ 3×12 长方形底板① 2 块 ／ 90°接件 1 块	固定各功能模块
五金件	M3×10mm 螺丝钉 20 颗 ／ M3×16mm 螺丝钉 2 颗 ／ M3 螺母 10 颗 ／ M3×15mm 铜柱 4 颗	固定连接底板和连接件
命令组	数字输出 管脚# 0 设为 高	设置管脚的数字输出
	延时 ms 1000	延时 1000ms

四、背景知识

1. 红绿灯的小知识

红绿灯(图 2-2),是指挥交通运行的信号灯,一般由红灯、黄灯、绿灯组成。

红灯表示禁止通行,即禁止直行或左转弯。若红绿灯没有箭头导向,在不妨碍行人和车辆的情况下,红灯时车辆可以右转弯。

黄灯表示警示,车辆必须停在路口停止线或人行横道线以内,已经越过停止线的车辆可以继续通行。黄灯闪烁时,警告车辆注意安全。

绿灯表示准许通行,即准许车辆直行或转弯。

图 2-2 红绿灯

---

① 3×12 长方形底板指的是 3 孔×12 孔长方形底板,下同。

2. 红绿灯的发展历史

红绿灯的发展历史如图 2-3 所示。

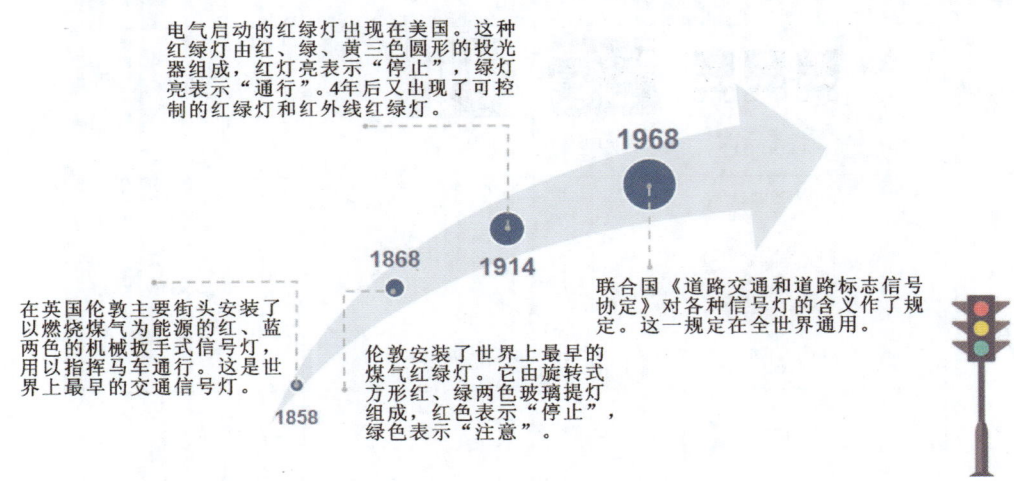

图 2-3 红绿灯的发展历史

3. LED 灯

LED 灯(图 2-4),即发光二极管,是一种常用的发光器件,通过电子与空穴复合释放能量发光,它在照明领域应用广泛。

发光二极管可高效地将电能转化为光能。它具有单向导通的特性,即只允许电流从正极流向负极,所以注意正负极不要接反。LED 灯正负极如图 2-5、图 2-6 所示。

图 2-4 LED 灯

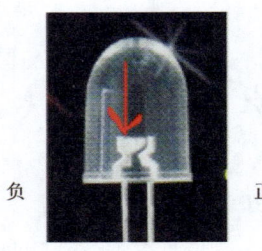

图 2-5 脚长的一端为正极　　图 2-6 大片的一端为负极

五、操作指导

1. 搭建主体

(1)将主板固定在底座上。将 4 颗 M3×10mm 螺丝钉对齐主板外围的 4 个孔和主板底座的 4 个孔(留两边 7 个孔),用螺母拧紧,如图 2-7 所示。

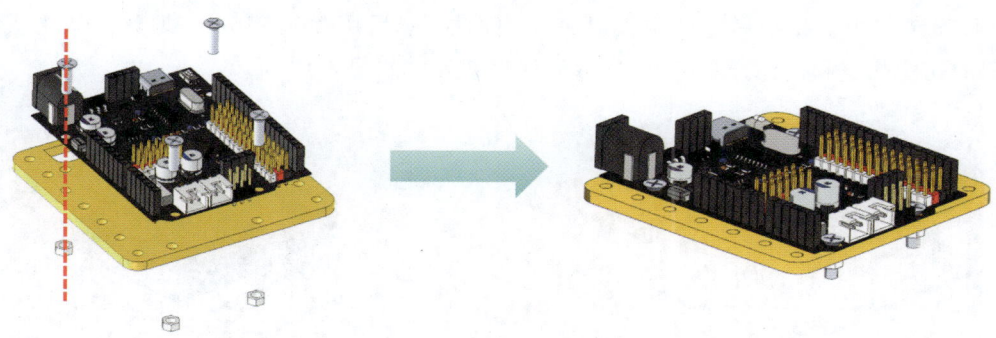

图 2-7 将主板固定在底座上

(2)安装扩展板。将扩展板按照对应方向安装在主板上,如图 2-8 所示。

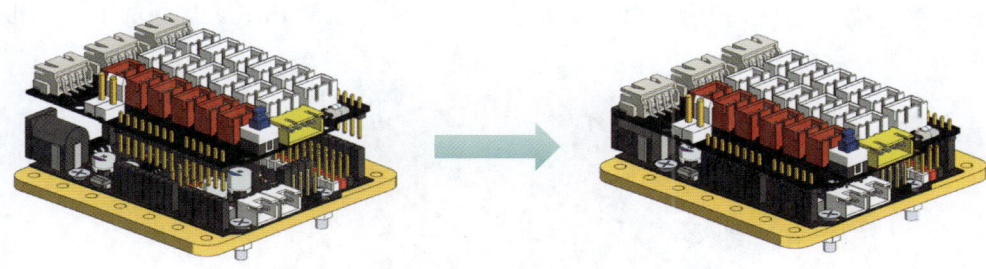

图 2-8 安装扩展板

(3)安装 4 颗 M3×10mm 螺丝钉。先将底部的 4 颗 M3×10mm 螺丝钉从下往上穿过 18 孔大底板,然后将 4 颗 M3×15mm 铜柱分别对应拧紧,如图 2-9 所示。

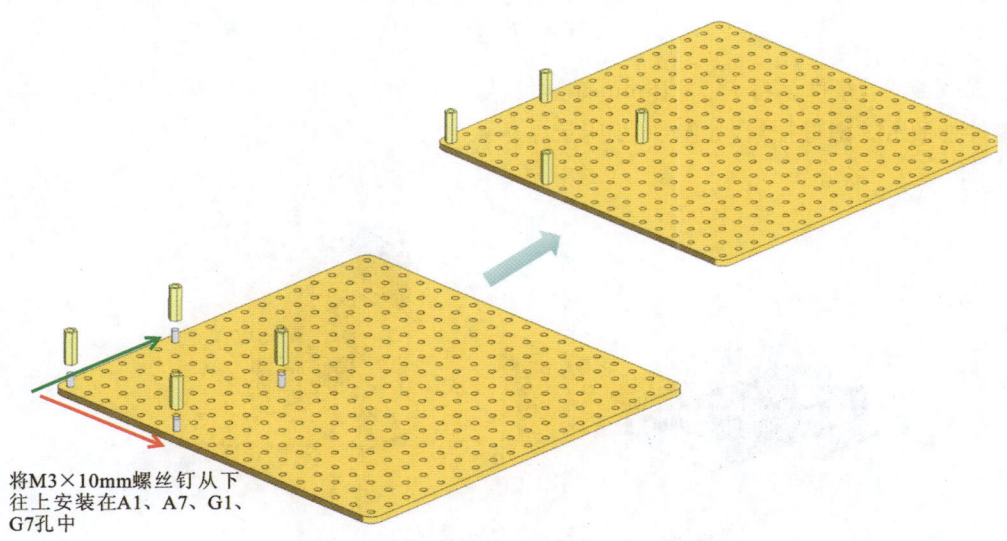

图 2-9 安装 4 颗 M3×10mm 螺丝

注:图中的孔,在绿色箭头方向上按数字 1~18 编号,在红色箭头方向上按字母 A~R 编号,因此,每个孔的编号为字母+数字。书中其他木板上的孔也按类似方法编号。

(4)安装主板。将刚做好的主板对齐 4 颗铜柱,然后用 M3×10mm 螺丝钉从主板底座 4 个角的孔位往下和铜柱拧紧(3 个 4pin 线插口朝外),如图 2-10 所示。

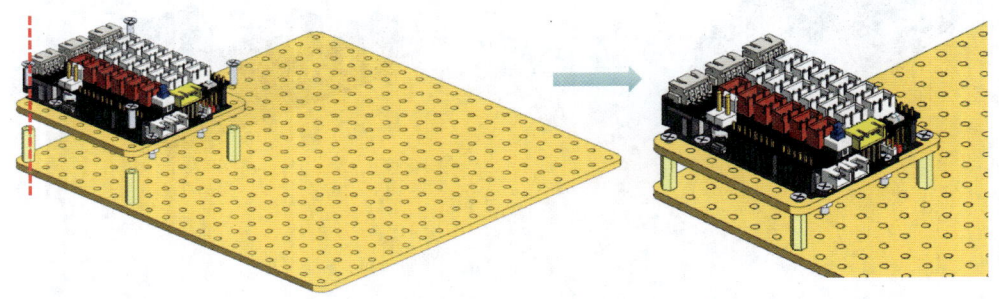

图 2-10　安装主板

(5)放置 90°接件。将 90°接件按图 2-11 所示的方向安装在 18 孔大底板的 J4、L4 孔中。

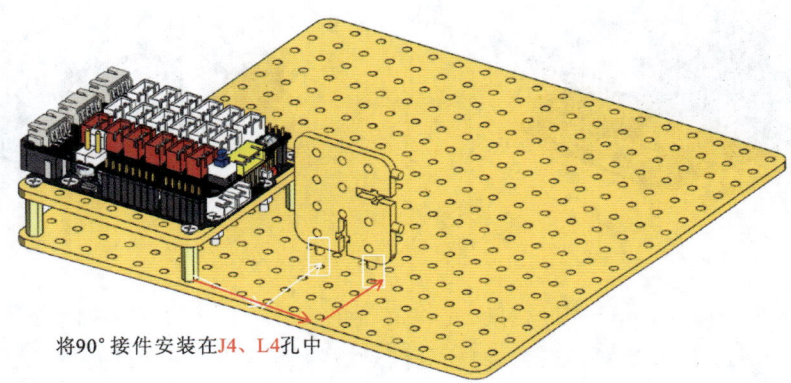

图 2-11　放置 90°接件

(6)固定 90°接件。将 M3×16mm 螺丝钉从下往上穿过 18 孔大底板的 K4 孔,与固定在 90°接件处的 M3 螺母拧紧,如图 2-12 所示。

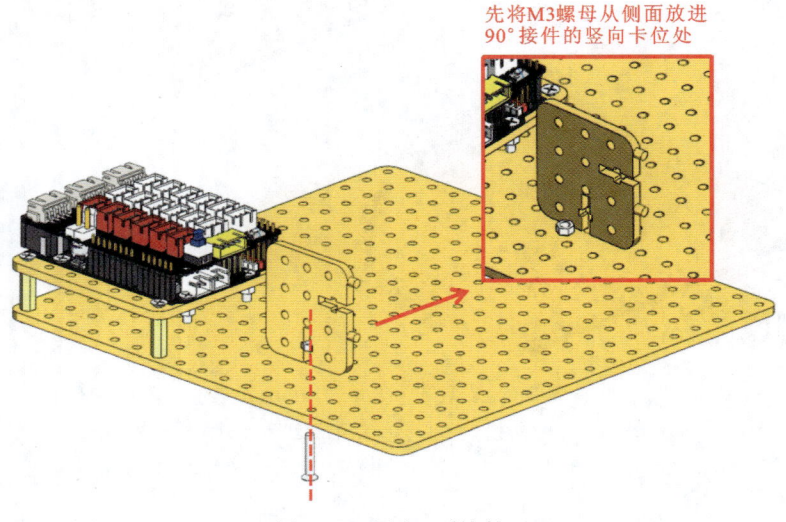

图 2-12　固定 90°接件

(7)安装90°接件。先将90°接件的2个孔位插进3×12长方形底板中间竖排从下往上的第2和第4个孔。再将M3螺母从侧面放进90°接件的横向卡位处,将M3×16mm螺丝钉从外往里穿过3×12长方形底板中间竖排从下往上的第3个孔,并与固定在90°接件处的M3螺母拧紧,如图2-13所示。

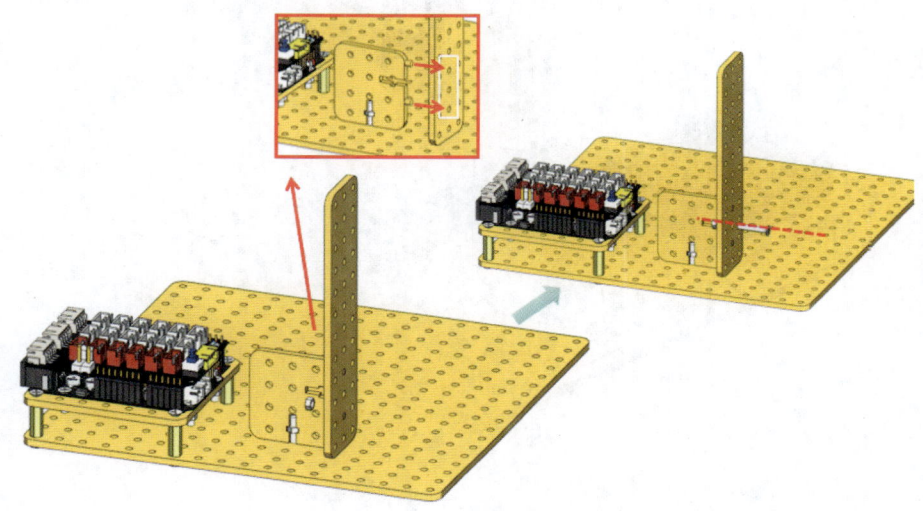

图2-13　安装90°接件

(8)安装横板。先将另外一块3×12长方形底板横放。让2颗M3×10mm螺丝钉先从横向的3×12长方形底板最左竖排的第1和第3个孔穿过两块板,再穿过垂直的那块长方形底板中间竖排从上往下的第1和第3个孔,最后从后面上2颗M3螺母与螺丝钉拧紧,如图2-14所示。

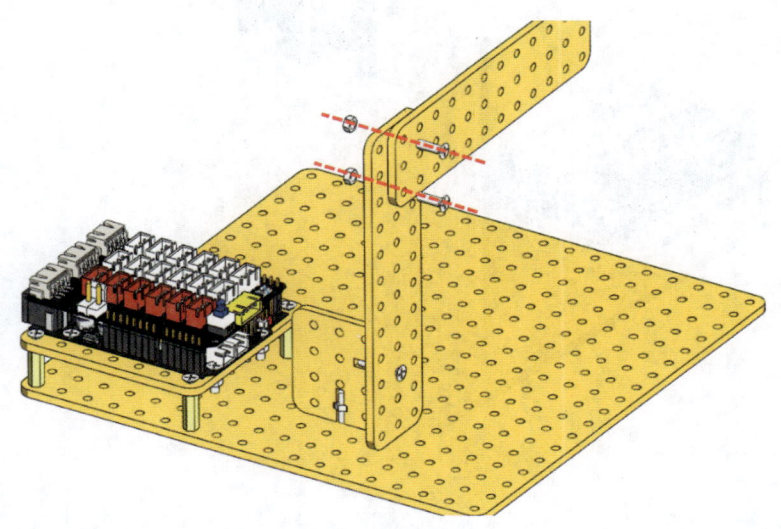

图2-14　安装横板

(9)安装红色LED灯。把2颗M3×10mm螺丝钉从红色LED灯上方两边的孔穿过,然后从横向的 3×12 长方形底板横向第一排孔的第 4 和第 6 个孔穿过,再从后面上 2 颗 M3 螺母,与螺丝钉拧紧,如图 2-15 所示。

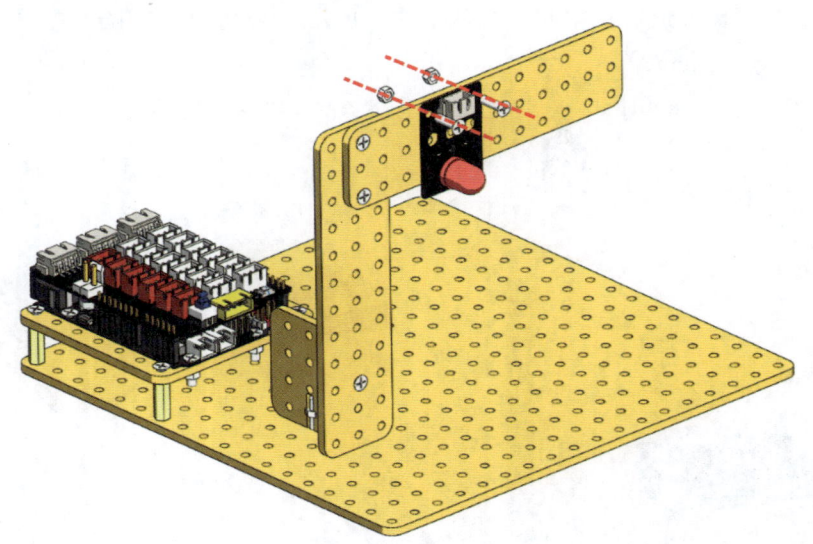

图 2-15　安装红色 LED 灯

(10)安装黄色 LED 灯。把 2 颗 M3×10mm 螺丝钉从黄色 LED 灯上方两边的孔穿过,然后从横向的 3×12 长方形底板横向第一排孔的第 7 和第 9 个孔穿过,再从后面上 2 颗 M3 螺母,与螺丝钉拧紧,如图 2-16 所示。

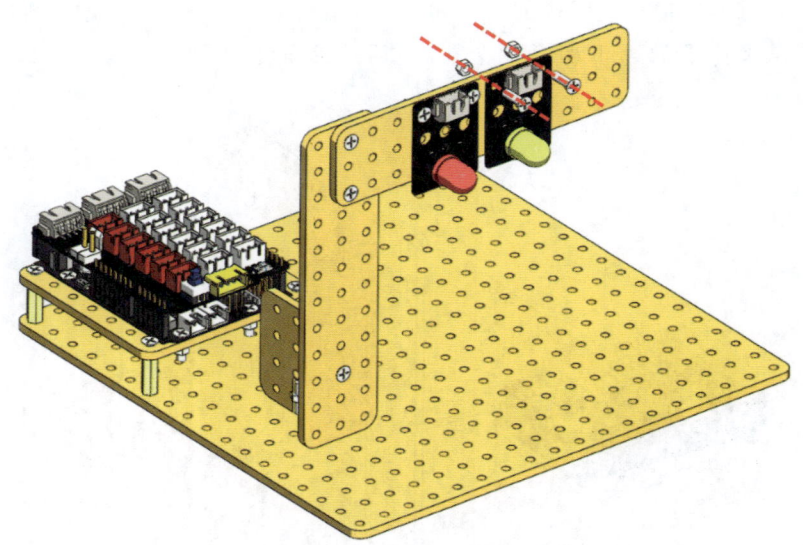

图 2-16　安装黄色 LED 灯

(11)安装绿色 LED 灯。把 2 颗 M3×10mm 螺丝钉从绿色 LED 灯上方两边的孔穿过,然后从横向的 3×12 长方形底板横向第一排孔的第 10 和第 12 个孔穿过,再从后面上 2 颗 M3 螺母,与螺丝钉拧紧,如图 2-17 所示。

项目二 制作红绿灯

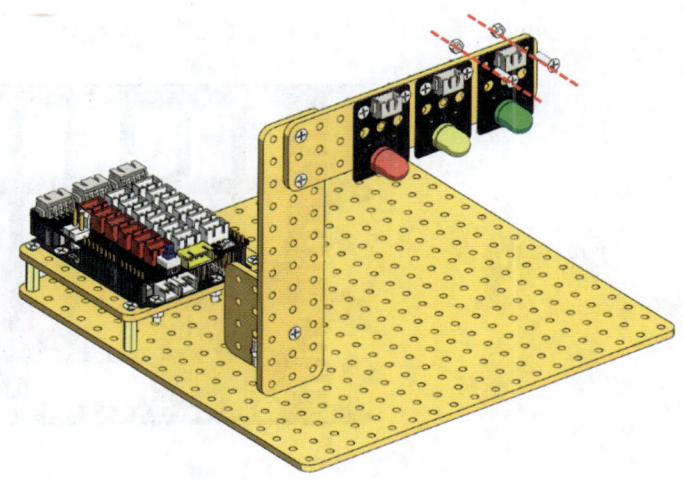

图 2-17 安装绿色 LED 灯

红绿灯主体搭建完成后如图 2-18 所示。

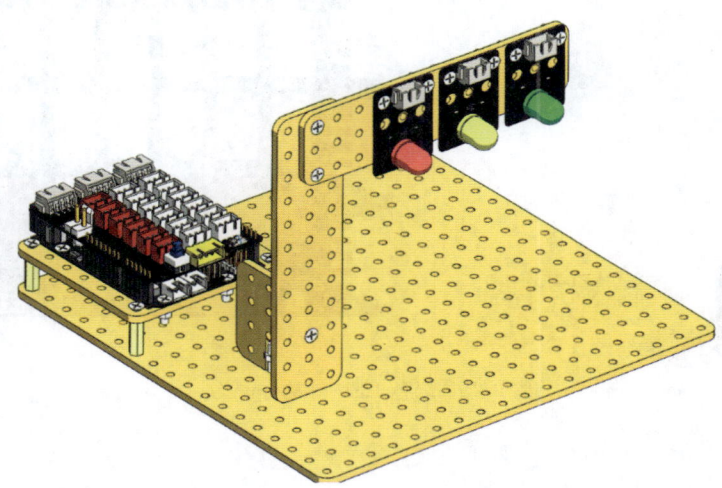

图 2-18 红绿灯主体搭建完成图

(12)LED 灯接线。先将红色 LED 灯接好 3pin 线,插上 D8 号端口,并装上板,如图 2-19 所示。

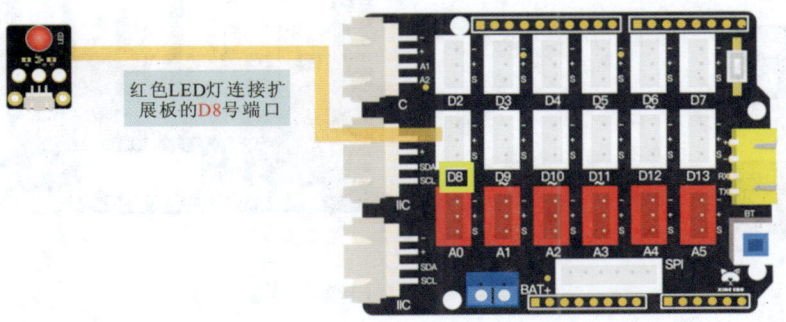

图 2-19 红色 LED 灯接 3pin 线

再将黄色 LED 灯接好 3pin 线，插上 D9 号端口，并装上板，如图 2-20 所示。

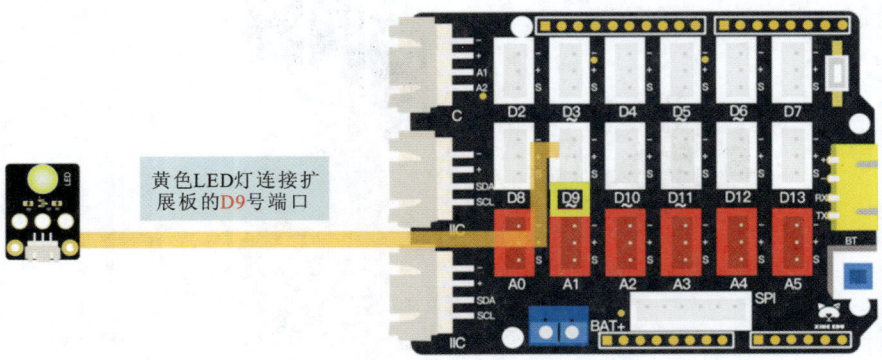

图 2-20　黄色 LED 灯接 3pin 线

最后将绿色 LED 灯接好 3pin 线，插上 D10 号端口，并装上板，如图 2-21 所示。

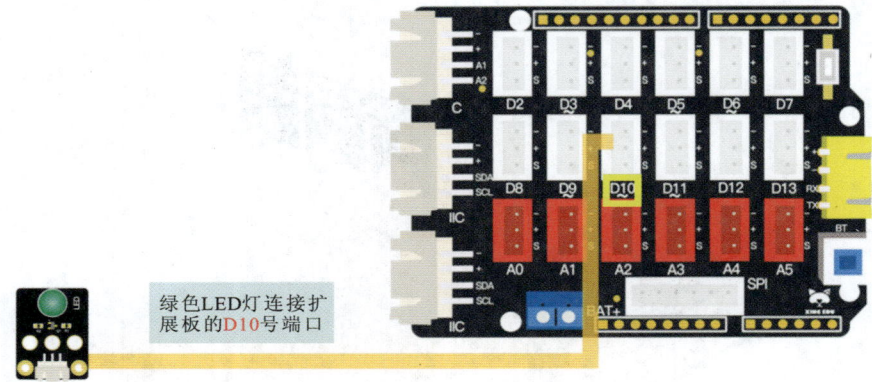

图 2-21　绿色 LED 灯接 3pin 线

LED 灯接线完成后如图 2-22 所示。

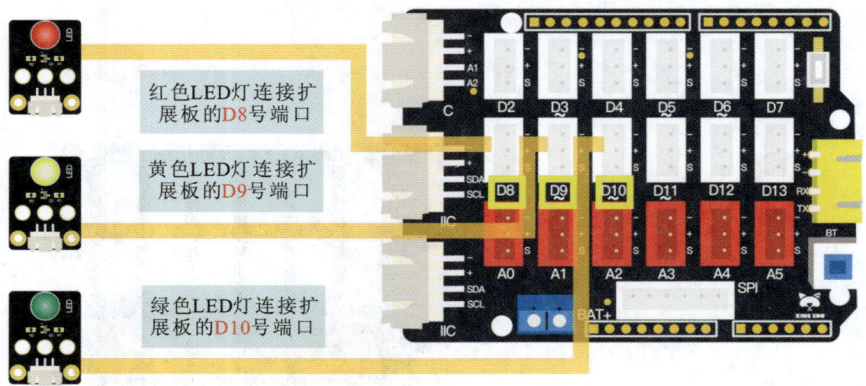

图 2-22　LED 灯接线完成图

2. 编制程序

1）点亮单个 LED 灯的程序

在"数字输出"代码块中，将 8 号管脚的电平值设为"高"（图 2-23），红灯就被点亮了。

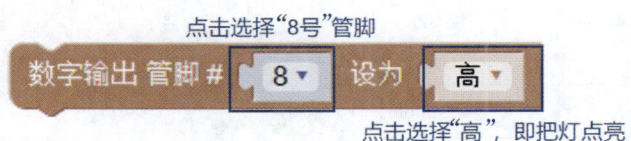

图 2-23 点亮单个 LED 灯的程序

2）LED 灯闪烁

（1）认识"延时"代码块："延时"代码块位于"控制"模块中，其单位可以选择毫秒（ms）或者微秒（μs）。图 2-24 代码块表示延时 1000ms（1s）。

（2）LED 灯闪烁的程序：软件里的程序是由上往下逐步运行的，运行完后又从头重新运行一次，如图 2-25 所示。程序运行时，从第一个代码块开始按序运行，这种程序执行方式称为顺序结构。

3）依次点亮红绿灯

红绿灯的程序：将 8 号管脚的电平值设置为"高"，延时 3000ms（红灯亮 3s）；8 号管脚设置为"低"，9 号管脚设置为"高"，延时 3000ms（红灯灭的同时黄灯亮 3s）；9 号管脚设置为"低"，10 号管脚设置为"高"，延时 3000ms（黄灯灭的同时绿灯亮 3s）；绿灯灭，系统自动循环，所以绿灯熄灭的同时红灯又亮了，如图 2-26 所示。

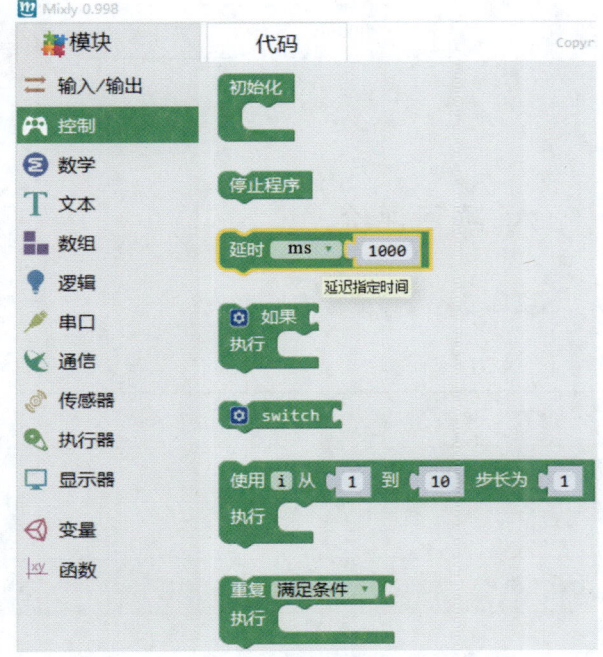

图 2-24 "延时"代码块

图 2-25 LED 灯闪烁的程序

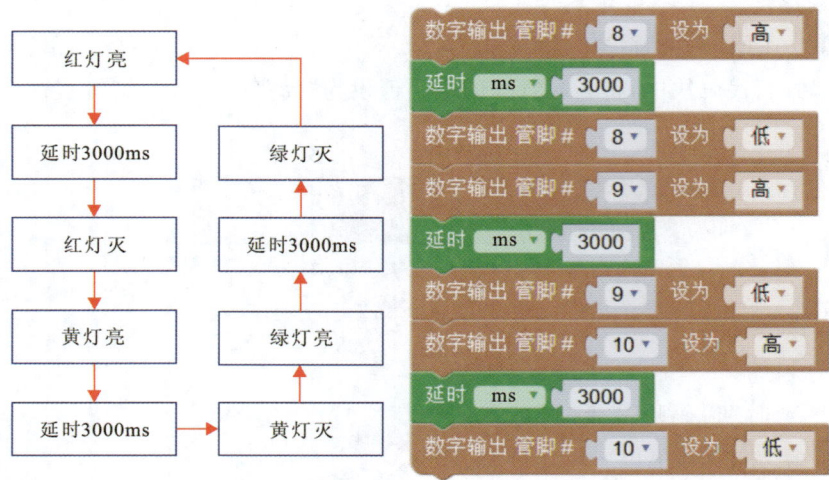

图 2-26　依次点亮红绿灯

六、项目评价

项目考核及评分标准见表 2-2。

表 2-2　项目评价表

班级		同组人	
姓名		工时	
日期		得分	

序号	考核项目	配分	评分标准	扣分	备注
1	主体搭建情况	35	①不能正确搭建木板、使用螺母,扣 15 分 ②不能正确连接功能模块,扣 15 分 ③不按规范使用工具,扣 5 分		
2	项目完成情况	45	①不会编写点亮单个 LED 灯的脚本,扣 10 分 ②不会编写依次点亮红绿灯的脚本,扣 10 分 ③未能在规定时间内完成项目,扣 10 分 ④不会保存程序并退出,扣 5 分 ⑤下课未能及时上交完整作业,扣 10 分		
3	上课状态	20	①上课玩手机、睡觉,扣 10 分 ②上课随意离开教室,扣 5 分 ③上课结束不整理座位,扣 5 分		

七、拓展练习(现实版红绿灯)

绿变红:绿灯亮,最后 10s 提示数字,倒数 5s 开始闪烁,然后绿灯灭的同时黄灯亮,黄灯亮 3s 后,黄灯灭的同时红灯亮,如图 2-27 所示。

红变绿:红灯亮,最后 10s 提示数字,然后红灯灭的同时绿灯亮,如图 2-28 所示。

图 2-27　绿灯　　　　　　　　　　图 2-28　红灯

简易版红绿灯闪烁的程序如图 2-29 所示。

(1)绿灯常亮 3s:10 号管脚设置为高电平,延时 3000ms。

(2)绿灯闪烁。10 号管脚先设置为低电平,延时 500ms(绿灯熄灭 0.5s);10 号管脚再设置为高电平,延时 500ms(绿灯亮 0.5s);然后,10 号管脚设置为高电平,延时 500ms(绿灯亮 0.5s);需要换灯了,所以 10 号管脚设置为低电平,不需要延时(绿灯熄灭)。

(3)黄色常亮 3s:9 号管脚设置为高电平,延时 3000ms。

(4)黄灯熄灭:9 号管脚设置为低电平,不需要延时。

(5)红灯常亮 3s:8 号管脚设置为高电平,延时 3000ms(红灯常亮 3s)。

(6)红灯熄灭:8 号管脚设置为低电平,不需要延时。

系统自动循环,红灯熄灭的同时绿灯又亮。

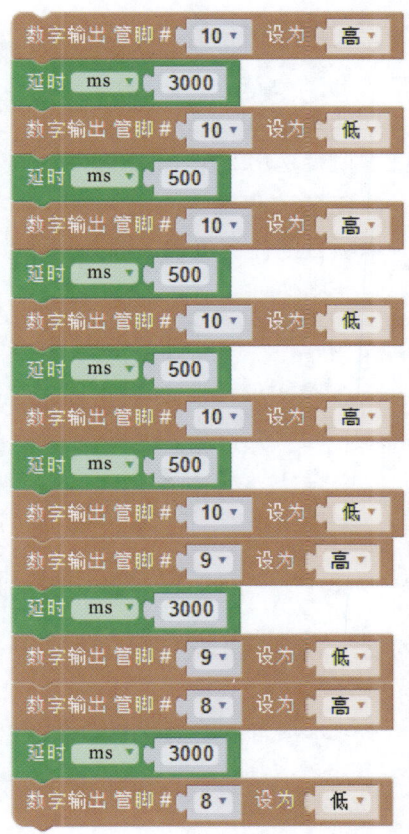

图 2-29　红绿灯闪烁的程序

项目三 制作抢答器

一、项目目标

(1) 理解抢答器的工作原理。
(2) 掌握制作抢答器的方法。
(3) 学会编写抢答器程序并进行模拟抢答。

二、项目任务

1. 任务描述

本项目是用 2 个 LED 灯、2 个按钮模块及主板、扩展板等制作一个抢答器。

2. 任务流程图

本项目的任务流程如图 3-1 所示。

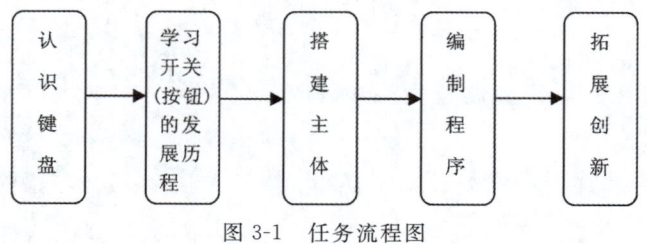

图 3-1 任务流程图

三、功能模块

学习本项目需要的材料和命令组见表 3-1。

表 3-1 材料及命令组

类型	名称				作用
功能模块	按钮模块 2个	黄色、绿色LED灯 各1个	主板 1块	扩展板 1块	按钮模块:控制 LED 灯; LED 灯:发光; 主板、扩展板:提供电源,将不同功能模块连接在一起传递信息
木板	18孔大底板 1块		主板底座 1块		固定各功能模块
五金件	M3×10mm螺丝钉 20颗	M3螺母 12颗	M3×15mm铜柱 4颗		固定连接底板和连接件
命令组	Serial 打印（自动换行） 数字输入 管脚# 7 延时 ms 200				检测按钮串口
	如果 数字输入 管脚# 7 = 1 执行 数字输出 管脚# 8 设为 高 否则 数字输出 管脚# 8 设为 低				"如果"代码块:表示一个逻辑关系,即如果 A,执行 B,否则 C
	逻辑 >				"比较运算"代码块:比较左、右两侧值的大小

四、背景知识

1. 认识键盘

键盘(图 3-2)是计算机的输入设备,由很多个按钮组成,是用于操作设备的一种指令和数据输入装置,也指经过系统安排的用于操作一台机器或设备的一组功能键。可以认为键盘就是一个按钮集合。

键盘的发展历程如图 3-3 所示。

图 3-2 键盘

图 3-3 键盘的发展

2. 开关（按钮）的发展

开关通常通过拨动来改变其状态，按钮则是通过按下来实现接通或断开的功能。他们都是常用的电子元器件，其工作原理是通过控制电路的"通/断"来控制电动机或其他电气设备的运行。其发展历程如图 3-4 所示。

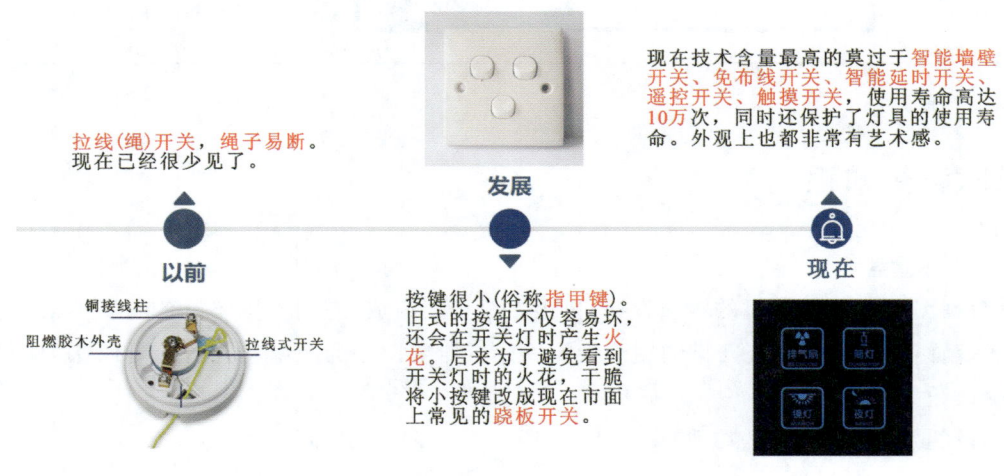

图 3-4 开关（按钮）的发展

五、操作指导

1. 搭建主体

(1)将主板固定在底座上。将 4 颗 M3×10mm 螺丝钉对齐主板外围的 4 个孔和主板底座的 4 个孔(留两边 7 个孔),用螺母拧紧,如图 3-5 所示。

图 3-5　将主板固定在底座上

(2)安装 18 孔大底板。先将 4 颗 M3×10mm 螺丝钉从下往上穿过 18 孔大底板(相邻 2 颗螺丝钉之间间隔 5 个孔),然后将 4 颗 M3×15mm 铜柱分别对应拧紧。将刚安装好的主板对齐 4 颗铜柱,然后用 M3×10mm 螺丝钉从主板底座 4 个角的孔位往下和铜柱拧紧,如图 3-6 所示。

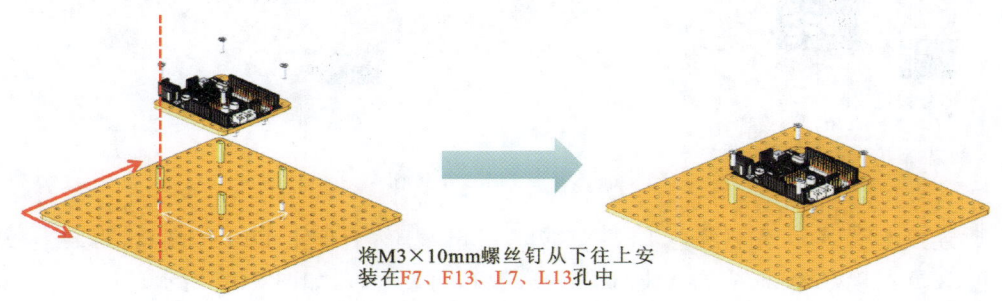

将M3×10mm螺丝钉从下往上安装在F7、F13、L7、L13孔中

图 3-6　安装 18 孔大底板

(3)安装扩展板。将扩展板沿对应方向安装在主板上(3 个 4pin 线插口朝外),如图 3-7 所示。

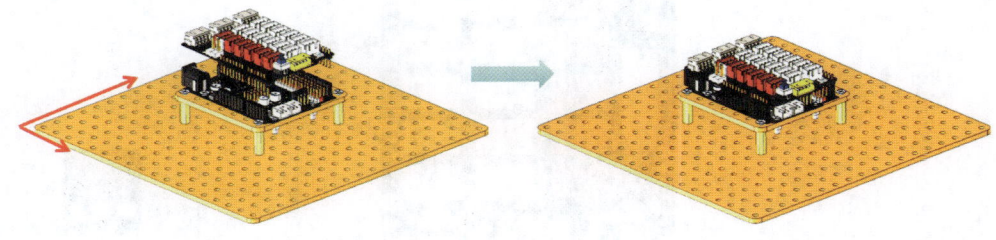

图 3-7　安装扩展板

(4)连接2个按钮模块。先将2个按钮模块接好3pin线,然后分别插上D7和D9号端口,再装上板,如图3-8所示。

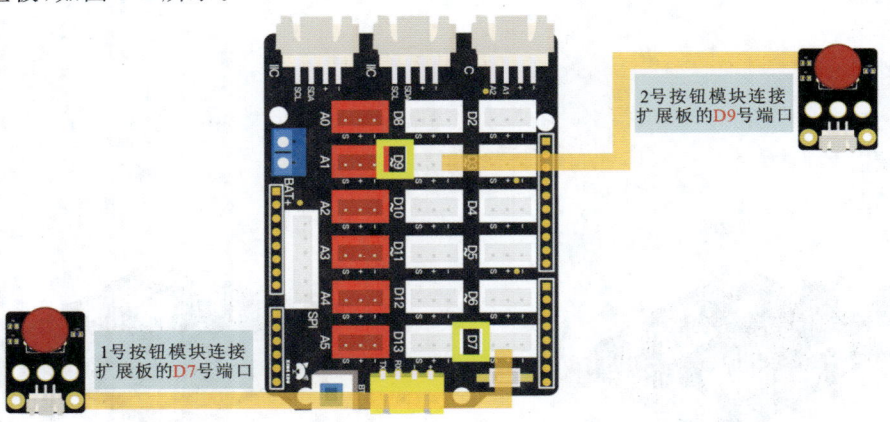

图3-8　连接2个按钮模块

(5)安装2个按钮模块。在主板竖向方向,左、右两边摆放按钮。按钮朝外贴着18孔大底板边缘,插口朝里。先将M3×10mm螺丝钉插进按钮插口两边的孔中(白色框位置),然后穿过18孔大底板,再用M3螺母从下往上与螺丝钉拧紧,如图3-9所示。

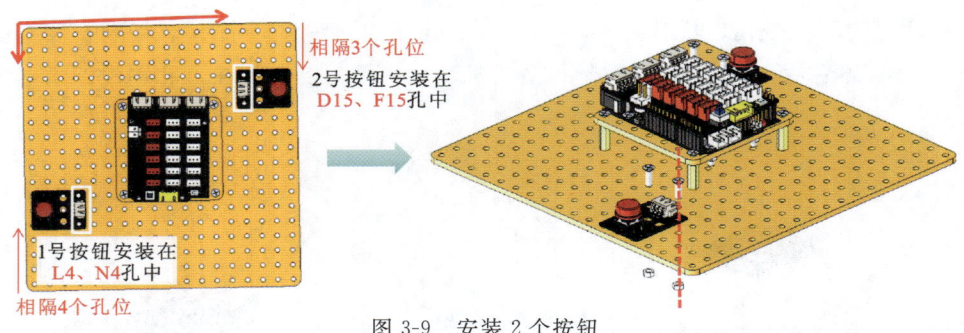

图3-9　安装2个按钮

(6)连接LED灯。先将绿色LED灯接好3pin线,然后插上D10号端口,再装上板。再将黄色LED灯接好3pin线,然后插上D8号端口,再装上板,如图3-10所示。

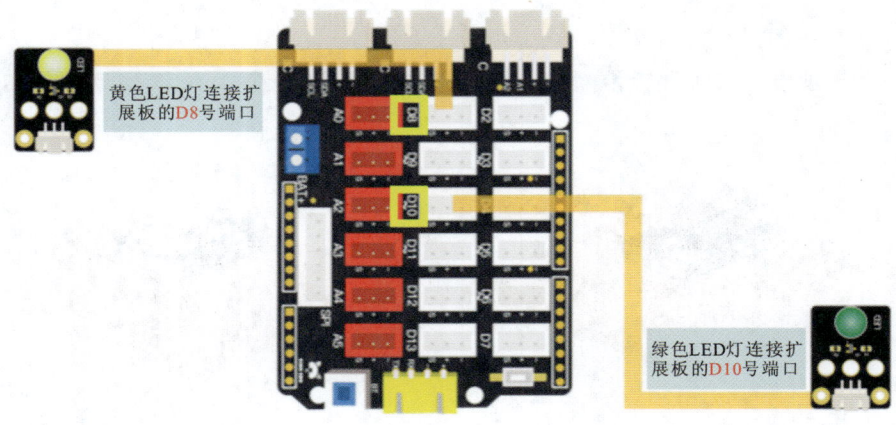

图3-10　连接LED灯

(7)安装 LED 灯。在主板竖向方向,左、右两边摆放 LED 灯(灯对齐按钮的位置)。灯朝外贴着 18 孔大底板边缘,插口朝里。先将 M3×10mm 螺丝钉插进 LED 灯插口两边的孔中(白色框位置),然后穿过 18 孔大底板,再用 M3 螺母从下往上与螺丝钉拧紧,如图 3-11 所示。

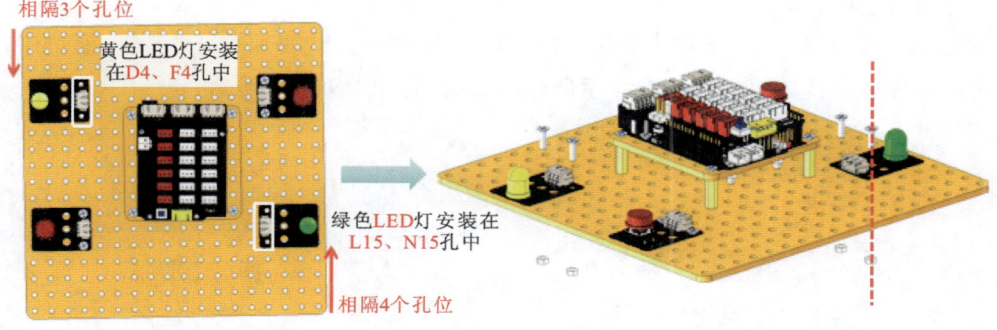

图 3-11　安装 LED 灯

(8)抢答器搭建完成,如图 3-12、图 3-13 所示。

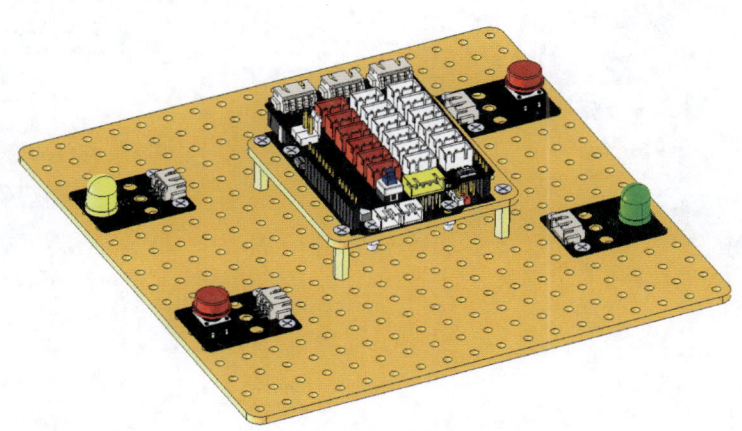

图 3-12　抢答器搭建完成图(1)

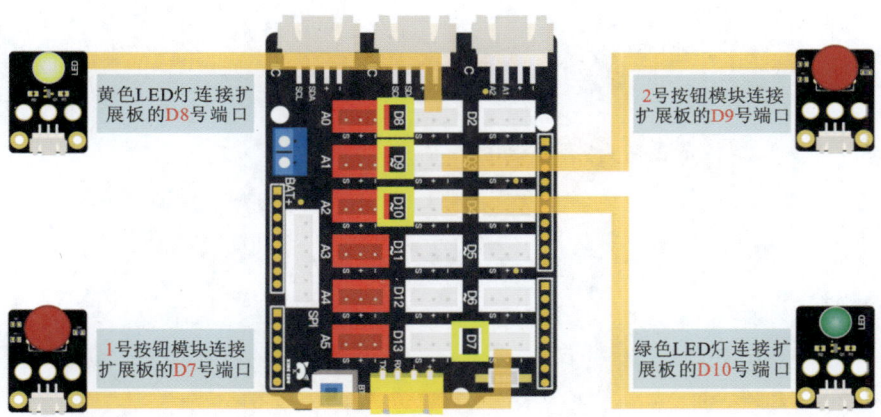

图 3-13　抢答器搭建完成图(2)

2. 编制程序

1）检测按钮串口

（1）认识"数字输入"代码块。"数字输入"代码块位于"输入/输出"模块中，其作用是返回指定管脚的电平值，如图 3-14 所示。

（2）认识"打印（自动换行）"代码块。"打印（自动换行）"代码块位于"串口"模块中，其作用为通过串口通信将数值传回电脑显示屏，并自动换行，如图 3-15 所示。

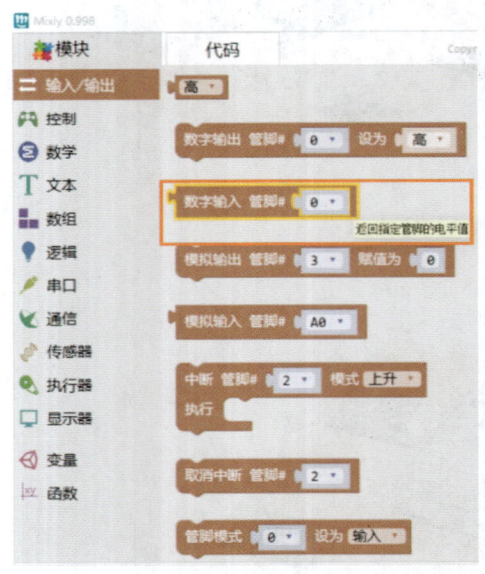

图 3-14 "数字输入"代码块

图 3-15 "串口打印"代码块

按钮串口的检测方法如图 3-16 所示。

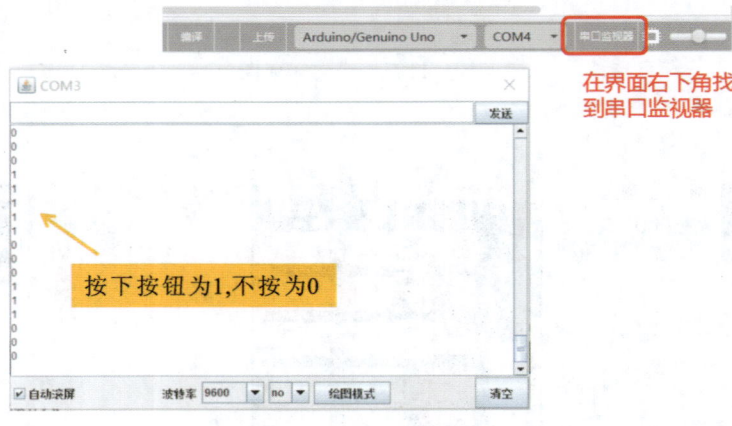

图 3-16 按钮串口检测

2)按钮控制开关

(1)认识"如果"代码块。"如果"代码块位于"控制"模块中,如图 3-17 所示。单击"如果-执行"程序块上方的蓝色齿轮,会弹出一个小窗口,窗口中有"否则如果"块、"否则"块、"如果"块。将弹窗口中的"否则"块拖入弹出窗口的"如果"块中,可得到"如果-否则"程序块;再次单击蓝色齿轮,可关闭窗口,出现"如果-执行-否则"。"如果"代码块有 3 个接口,"如果"接口插入判断条件为"真",运行"执行"接口中的程序;"如果"接口插入判断条件为"假",运行"否则"接口中的程序。

(2)认识"比较运算"代码块。"比较运算"代码块位于"逻辑"模块中,如图 3-18 所示。单击"="右侧的小三角,打开下拉菜单,可以看到"=、≠、<、≤、>、≥"(6个符号),用来比较左、右两侧值的大小关系。

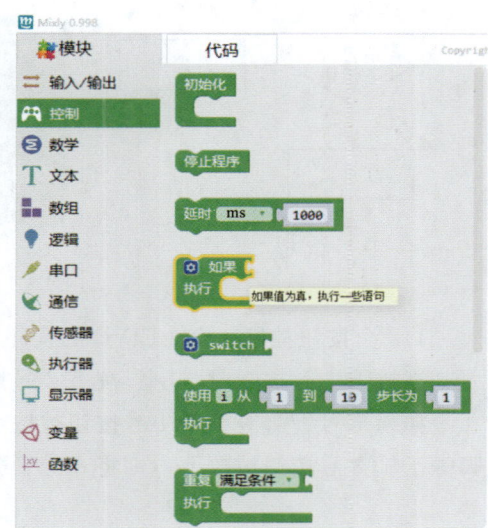

图 3-17　"如果"代码块

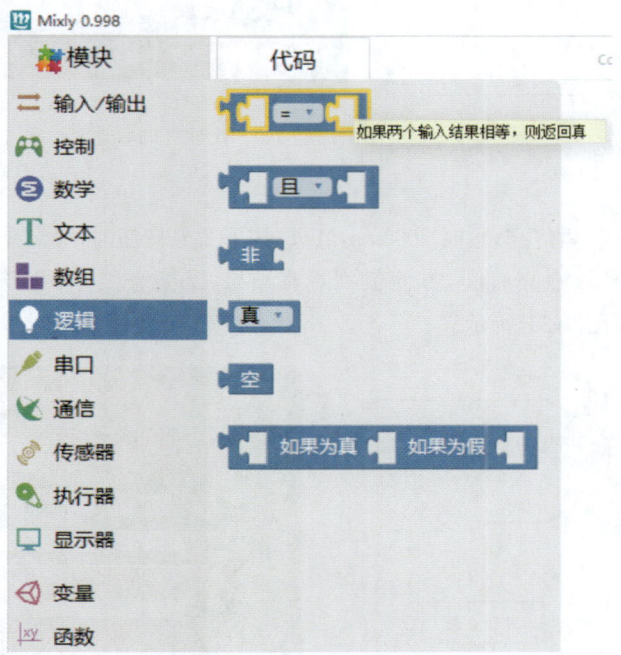

图 3-18　"比较运算"代码块

3)按钮控制开关的程序

按下按钮,LED 灯亮;松开按钮,LED 灯灭。

如果 7 号管脚等于 1(1 号按钮被按下),则将 8 号管脚设置为"高"(黄灯亮);否则将 8 号管脚设置为"低"(黄灯灭),如图 3-19 所示。

— 27 —

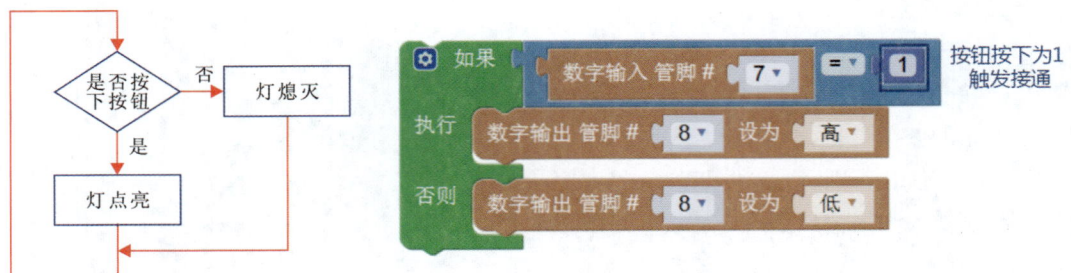

图 3-19 按钮控制开关的程序

4)2 个按钮控制 1 个 LED 灯的程序

当按下 1 号按钮时,灯亮;按下 2 号按钮时,灯灭。

如果 7 号管脚等于 1(1 号按钮被按下),则将 8 号管脚设置为"高"(黄灯亮);如果 9 号管脚等于 1(2 号按钮被按下),则将 8 号管脚设置为"低"(黄灯灭),如图 3-20 所示。

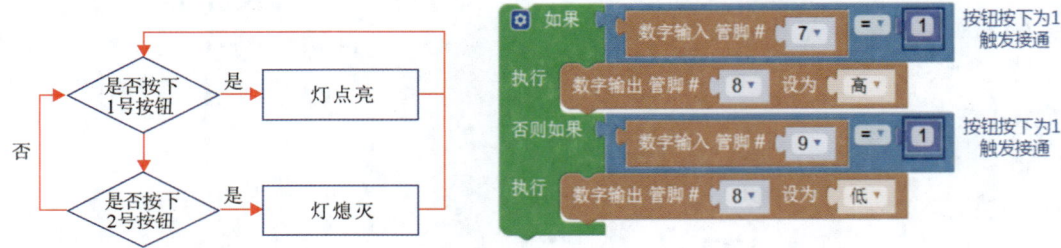

图 3-20 2 个按钮控制 1 个 LED 灯的程序

5)抢答器的程序

当按下 1 号按钮时,黄灯亮,延时 3000ms,灯灭;按下 2 号按钮时,绿灯亮,延时 3000ms,灯灭。

延时的作用:①延长点亮时间,方便裁判观察结果;②防止 2 个 LED 灯同时点亮。

抢答器的程序如图 3-21 所示。

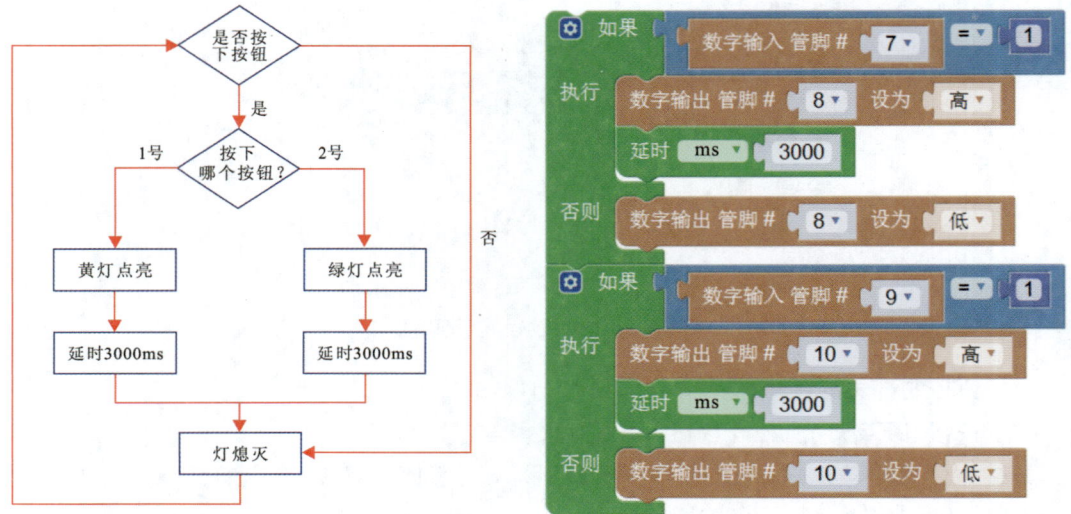

图 3-21 抢答器的程序

如果 7 号管脚等于 1(1 号按钮被按下)，则将 8 号管脚设置为"高"，延时 3000ms(黄灯亮 3s)；否则将 8 号管脚设置为"低"(黄灯灭)。

如果 9 号管脚等于 1(2 号按钮被按下)，则将 10 号管脚设置为"高"，延时 3000ms(绿灯亮 3s)；否则将 10 号管脚设置为"低"(绿灯灭)。

六、项目评价

项目考核及评分标准见表 3-2。

表 3-2 项目评价表

班级		同组人	
姓名		工时	
日期		得分	

序号	考核项目	配分	评分标准	扣分	备注
1	主体搭建情况	35	①不能正确搭建木板、使用螺母，扣 15 分 ②不能正确连接功能模块，扣 15 分 ③不按规范使用工具，扣 5 分		
2	项目完成情况	45	①不会编写两个按钮控制 1 个 LED 灯的脚本，扣 10 分 ②不会编写抢答器的脚本，扣 10 分 ③未能在规定时间内完成项目，扣 10 分 ④不会保存程序并退出，扣 5 分 ⑤下课未能及时上交完整作业，扣 10 分		
3	上课状态	20	①上课玩手机、睡觉，扣 10 分 ②上课随意离开教室，扣 5 分 ③上课结束不整理座位，扣 5 分		

七、拓展练习

如何使用多个 LED 灯和多个按钮模块制作 1 个抢答器？

项目四　制作电子门铃

一、项目目标

(1) 掌握电子门铃的制作方法,能搭建主体和编写程序。
(2) 能利用无源蜂鸣器编写脚本并实现蜂鸣功能。
(3) 理解通过程序实现无源蜂鸣器的播放声音和结束声音。

二、项目任务

1. 任务描述

本项目将制作一个电子门铃。电子门铃是通过无源蜂鸣器实现蜂鸣功能的,在这个实例里我们将探讨如何运用 Mixly 程序实现播放声音和停止声音。

2. 任务流程图

本项目的任务流程如图 4-1 所示。

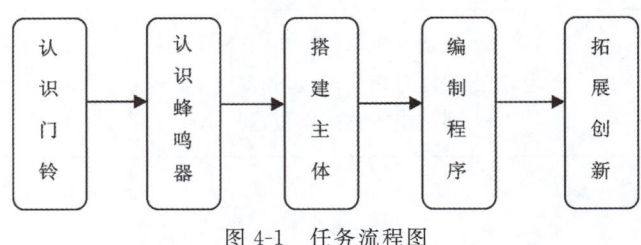

图 4-1　任务流程图

三、功能模块

学习本项目需要的材料和命令组见表 4-1。

表 4-1　材料及命令组

类型	名称				作用
功能模块	按钮模块 1个	无源蜂鸣器 1个	主板 1块	扩展板 1块	按钮按下后执行命令；无源蜂鸣器：播放声音；主板、扩展板：提供电源，将不同功能模块连接在一起传递信息
木板	18孔大底板 1块	12孔大底板 1块	主板底座 1个	90°接件 2块	固定各功能模块
五金件	M3×10mm螺丝钉 16颗	M3×16mm螺丝钉 4颗	M3螺母 12颗	M3×15mm铜柱 4颗	固定连接底板和连接件
命令组	播放声音 管脚# 0 频率 NOTE_C3				"播放声音"代码块：按指定的频率播放声音
	结束声音 管脚# 8				"结束声音"代码块：停止播放声音
	延时 ms 1000				延时执行

四、背景知识

1. 门铃的小知识

门铃,英文为doorbell,即门上的铃,可以发出声音提醒主人有客到访。

电子门铃看上去简单,其实它是科技的产物。我们日常生活中的电子门铃是由音乐集成块、外接电源、开关以及发声元件共同构成的。

有了电子门铃,我们就不需要用手去敲门了,一般也不会出现没听见敲门声的情况。电子门铃凭借性能稳定、成本低廉、使用方便等优点为我们的工作生活提供了便利,已经成为我们工作生活中最常用的物品之一。

2. 门铃的历史

在中国古代,有钱的大户人家通常会在大门上安装具有装饰性的门环,叫门的人可用门环拍击环下的门钉,使之发出较大的响声。与之类似,在同时代的外国,有钱的人家也会在门前吊一只硕大的青铜手柄,马车夫将客人送到门前的时候,会顺便拉拉它,牵动里面的铃铛以示有客来访。

在近代,门铃不再是有钱人家的专享,而在平民百姓家中广泛应用。各式各样的门铃比比皆是。

门铃分有线门铃和无线门铃,无线门铃又分为非可视无线门铃和可视无线门铃,它们的特征如下。

有线门铃:发射器与接收器之间依靠电线连接,发射器发出的信号是通过电线传输至接收器,因而信号较稳定,也不会发生误响,但布线较麻烦,很可能需要凿墙等,近几年逐渐淡出市场。

无线门铃:全球唯一一款不用电池的无线门铃是发射器通过采用能量捕获技术,收集用户按动门铃按钮时的能量,将其转换为电能驱动门铃发声器响铃。日常生活中经常见到的无线门铃(有源无线门铃),其发射器依靠12V电池供电,接收器依靠电池供电或者接交流电,门铃按钮发射无线信号,室内机的无线信号接收器接收这一无线信号,进而响铃。

无线可视门铃:既能进行语音通话,又能看到来访者的图像。功能:可视对讲、室外监控、遥控开锁、拍照存档、防拆报警。

无线非可视门铃:仅传输语音信号。当来访者按门铃时,主人只能听到声音,而看不到来访者的图像。

3. 认识蜂鸣器

蜂鸣器是一种能发声的电子元器件。按其内部是否自带振荡源,分为有源蜂鸣器和无源蜂鸣器,如图4-2所示。无源,这里的"源"不是指电源,而是指振荡源。也就是说,有源蜂鸣器内部带振荡源,所以只要一通电就会叫。而无源蜂鸣器内部不带振荡源,所以如果用直流信号无法令其鸣叫,需要外部驱动电路提供一定频率的驱动信号。

(a)无源蜂鸣器　　　　　　　　　　(b)有源蜂鸣器

图4-2　蜂鸣器

有源蜂鸣器的优点是程序控制方便。无源蜂鸣器的优点是便宜,声音频率可控,可以做出音阶的效果,在一些特例中,可以和 LED 灯合用一个控制口。

五、操作指导

1. 搭建主体

(1)将主板固定在底座上。将 4 颗 M3×10mm 螺丝钉对齐主板外围 4 个孔和主板底座的 4 个孔(留两边 7 个孔),用 M3 螺母拧紧(对齐主板底座的孔位),如图 4-3 所示。

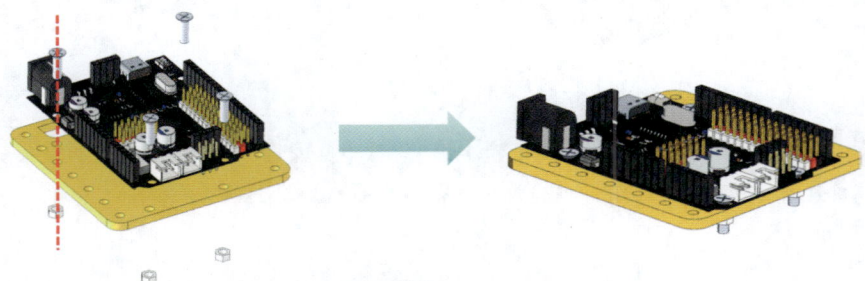

图 4-3　将主板固定在底座上

(2)安装扩展板。将扩展板沿对应方向安装在主板上,如图 4-4 所示。

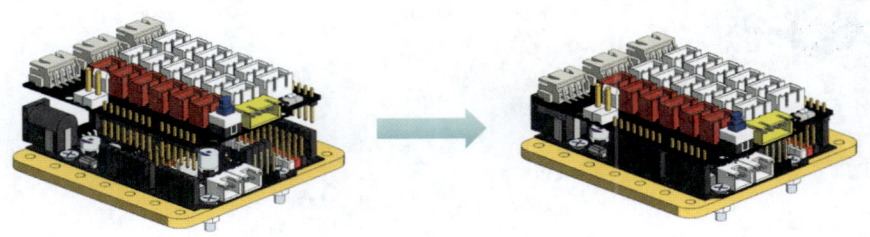

图 4-4　安装扩展板

(3)安装螺丝钉和铜柱。先将底部的 4 颗 M3×10mm 螺丝钉从下往上穿过 18 孔大底板,然后将 4 颗 M3×15mm 铜柱分别对应拧紧。M3×10mm 螺丝钉从下往上安装在 A1、A7、G1、G7 孔中,如图 4-5 所示。

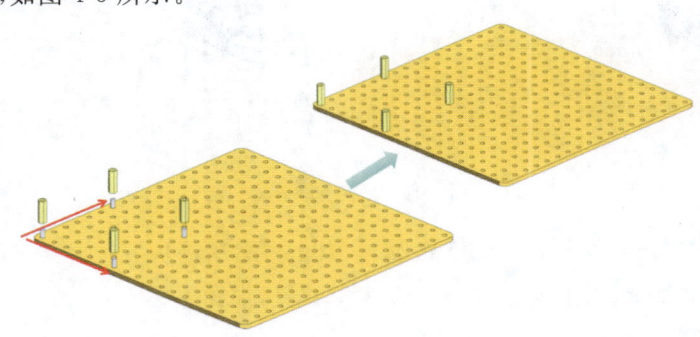

图 4-5　安装螺丝钉和铜柱

（4）主板就位。将刚做好的主板对齐 4 颗铜柱，然后用 M3×10mm 螺丝钉从主板底座 4 个角的孔位往下和铜柱拧紧。使 3 个 4pin 线插口朝外，如图 4-6 所示。

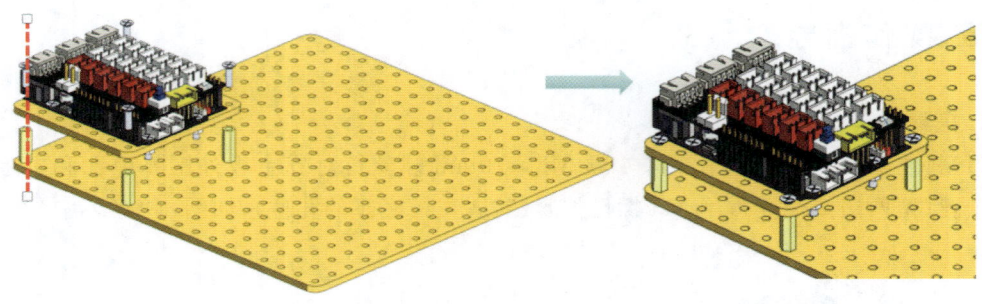

图 4-6　主板就位

（5）安装 90°接件。90°接件开口朝外和下方，2 块 90°接件与主板垂直，分别安装在 18 孔大底板 J5、L5 孔和 J14、L14 孔中，2 块接件相隔 8 个孔位，如图 4-7 所示。

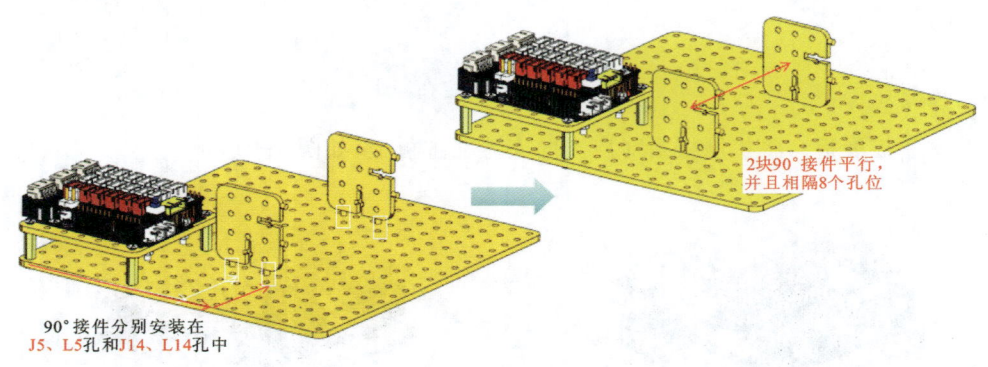

图 4-7　安装 90°接件

（6）安装 M3 螺母。将 4 颗 M3 螺母从侧面放进 2 块 90°接件的 2 个卡位处，如图 4-8 所示。

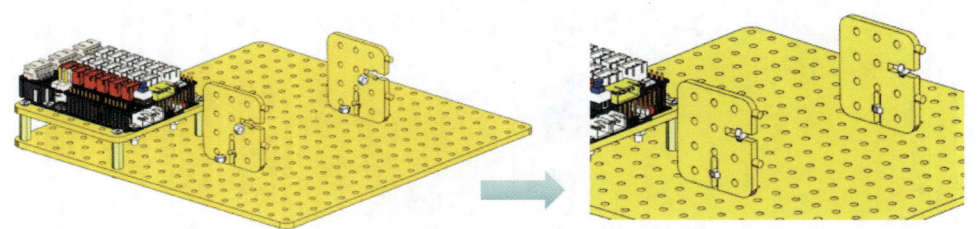

图 4-8　安装 M3 螺母

（7）安装 M3×16mm 螺丝钉。将 2 颗 M3×16mm 螺丝钉从下往上穿过 18 孔大底板 K5、K14 孔，与固定在 2 块 90°接件处朝下的 M3 螺母拧紧，如图 4-9 所示。

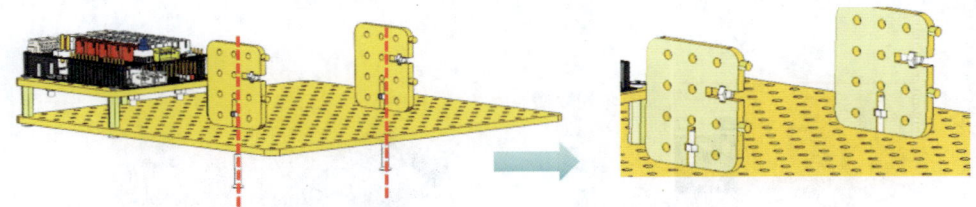

图 4-9　安装 M3×16mm 螺丝钉

(8)安装大底板。先将 12 孔大底板垂直插进 2 块 90°接件里(两边和底部留一排孔),再把 2 颗 M3×16mm 螺丝钉插进 2 个接位中间的孔中,如图 4-10 所示。

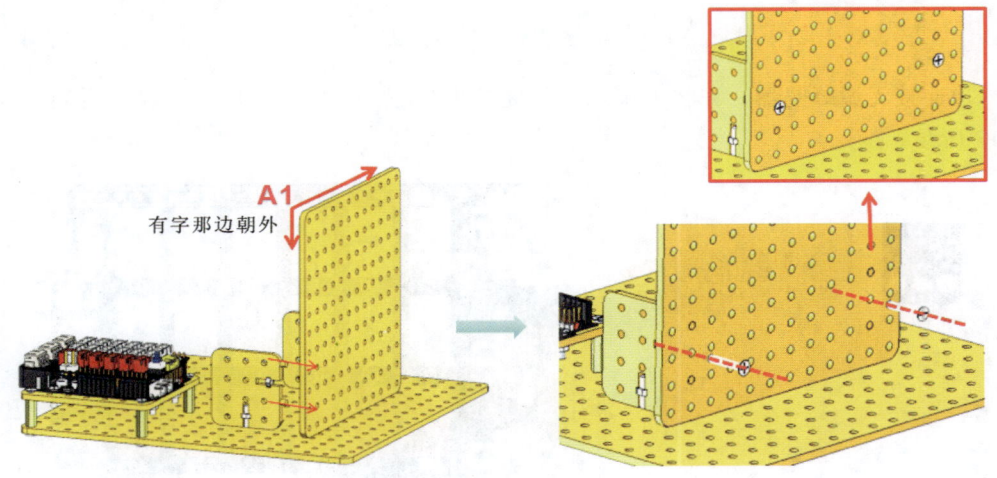

图 4-10　安装大底板

(9)连接按钮模块。先将按钮模块接好 3pin 线,然后插上 D9 号端口,再装上板,如图 4-11 所示。

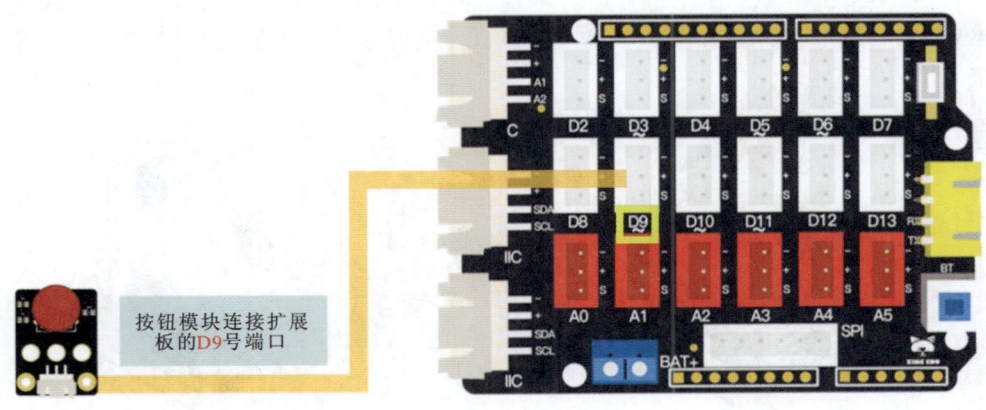

图 4-11　连接按钮模块

（10）固定按钮模块。先将 2 颗 M3×10mm 螺丝钉穿过按钮模块插口两边的孔（图 4-12 中的白色框位置），再穿过 12 孔大底板的 B8、B10 孔。从后方把 2 颗 M3 螺母与螺丝钉拧紧。

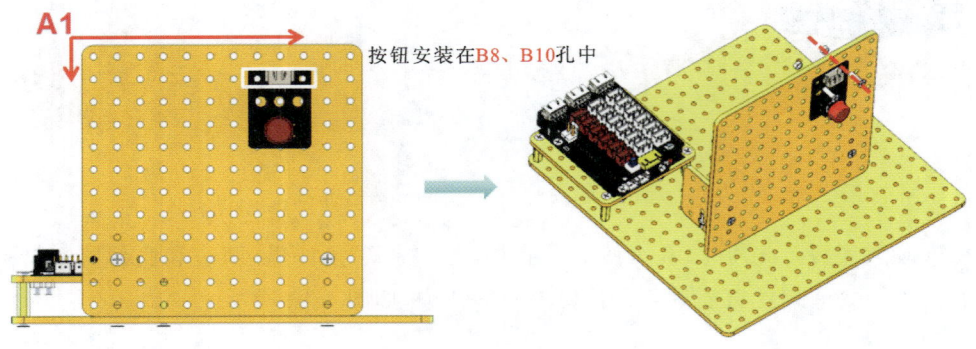

图 4-12　固定按钮模块

（11）连接无源蜂鸣器。先将无源蜂鸣器接好 3pin 线，然后插上 D8 号端口，再装上板，如图 4-13 所示。

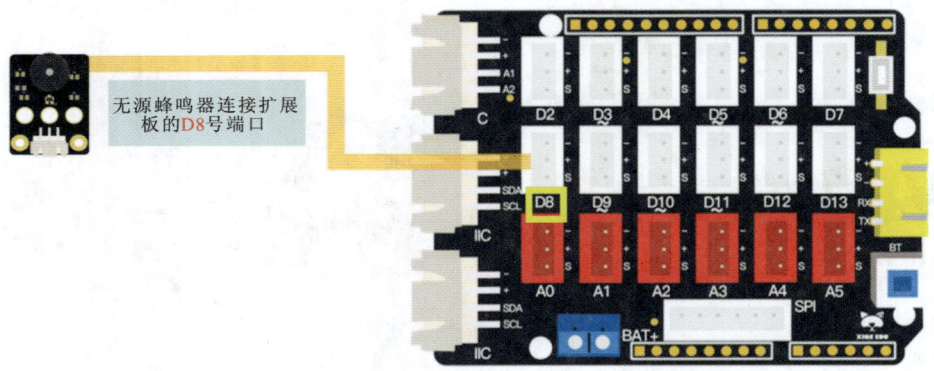

图 4-13　连接无源蜂鸣器

（12）固定无源蜂鸣器。先将 2 颗 M3×10mm 螺丝钉穿过无源蜂鸣器插口两边的孔（图 4-14 白色框位置），再穿过 12 孔大底板后面的 B3、B5 孔。从前方把 2 颗 M3 螺母与螺丝钉拧紧。

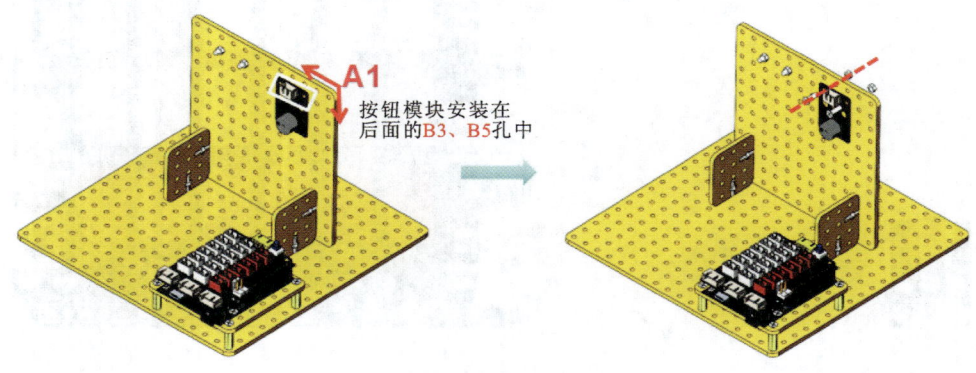

图 4-14　固定无源蜂鸣器

(13)电子门铃主体,如图 4-15 所示。

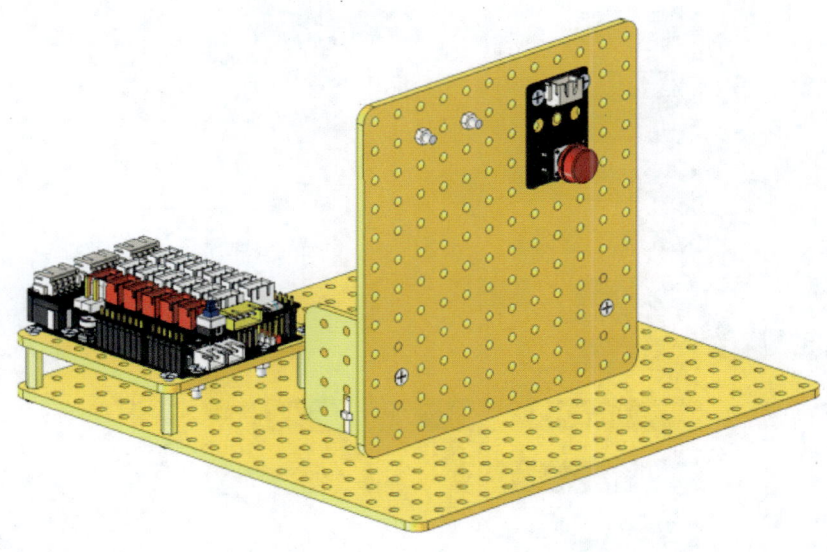

图 4-15　电子门铃主体

2. 编制程序

1)认识有源蜂鸣器的程序

有源蜂鸣器内部带振荡源,所以只要一通电就会叫,其程序如图 4-16 所示。

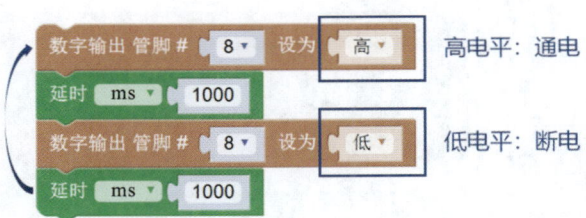

图 4-16　有源蜂鸣器程序

2)为无源蜂鸣器编写脚本并实现蜂鸣功能

(1)播放声音。"播放声音"代码块位于"执行器"模块中,在该代码块内可以选择所需管脚,频率栏里可以选择不同的音调,如图 4-17 所示。

(2)结束声音。"结束声音"代码块位于"执行器"模块中,在该代码块内可以选择所需管脚,结束该管脚发出的声响,如图 4-18 所示。

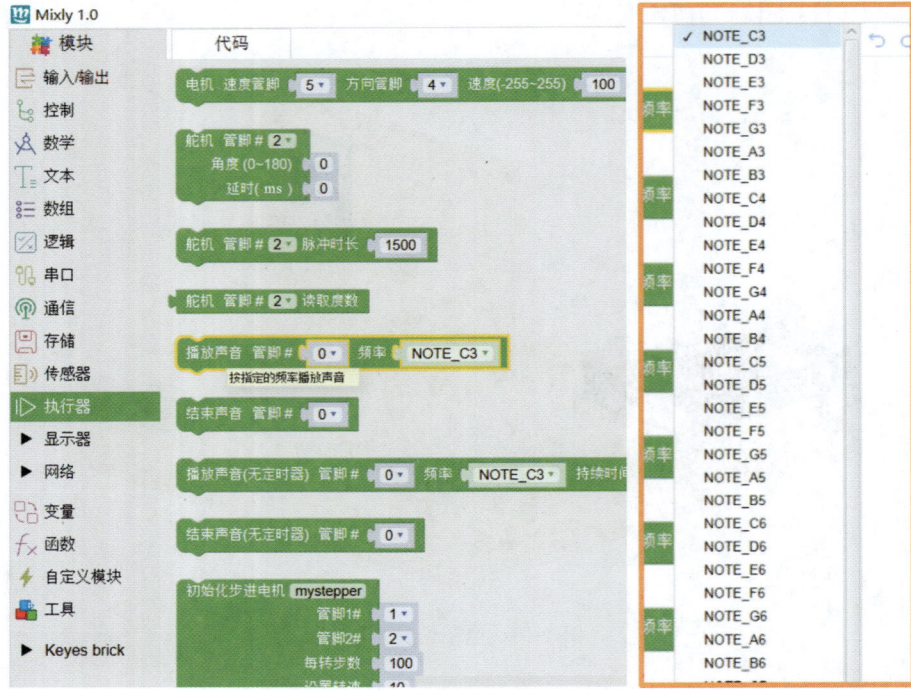

图 4-17 播放声音程序界面

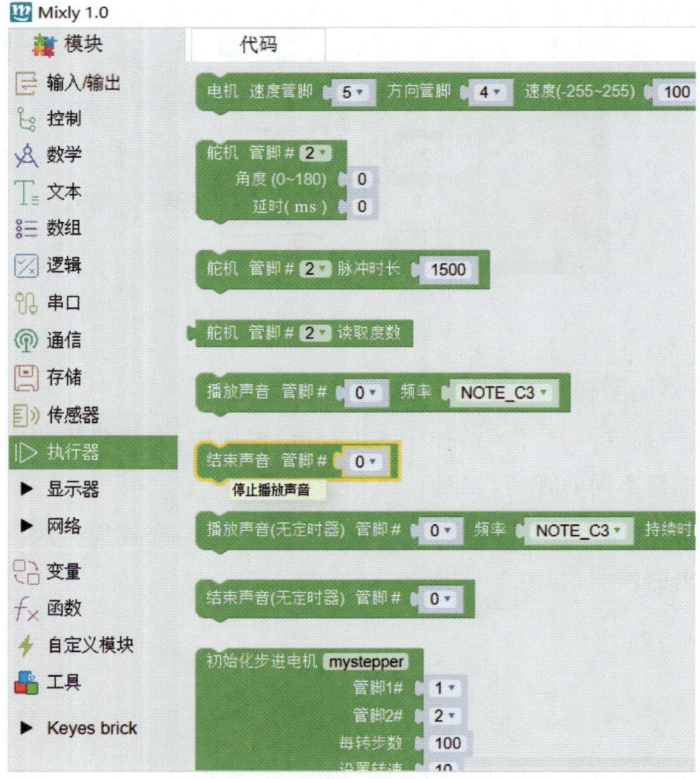

图 4-18 播放声音程序界面

3. 测试无源蜂鸣器

上传程序后,无源蜂鸣器发出 C3 调,1s 后结束声音,如图 4-19 所示。

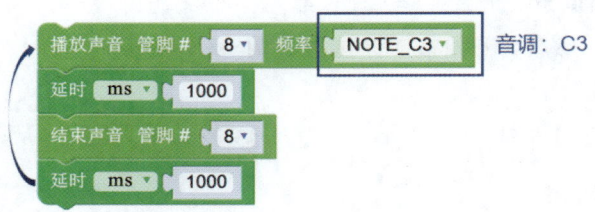

图 4-19　程序测试界面

六、项目评价

项目考核及评分标准见表 4-2。

表 4-2　项目评价表

班级				同组人		
姓名				工时		
日期				得分		
序号	考核项目	配分	评分标准		扣分	备注
1	主体搭建情况	35	①不能正确搭建木板、使用螺母,扣 15 分 ②不能正确连接功能模块,扣 15 分 ③不按规范使用工具,扣 5 分			
2	项目完成情况	45	①不会编写无源蜂鸣器播放声音的脚本,扣 10 分 ②不会编写无源蜂鸣器结束声音的脚本,扣 10 分 ③未能在规定时间内完成项目,扣 10 分 ④不会保存程序并退出,扣 5 分 ⑤下课未能及时上交完整作业,扣 10 分			
3	上课状态	20	①上课玩手机、睡觉,扣 10 分 ②上课随意离开教室,扣 5 分 ③上课结束不整理座位,扣 5 分			

七、拓展创新

(1)尝试通过程序调节无源蜂鸣器音调,编写一个无源蜂鸣器八音调的程序,每隔 1s 播放一个音调(图 4-20)。从 C3 开始按顺序选择音调 do、re……

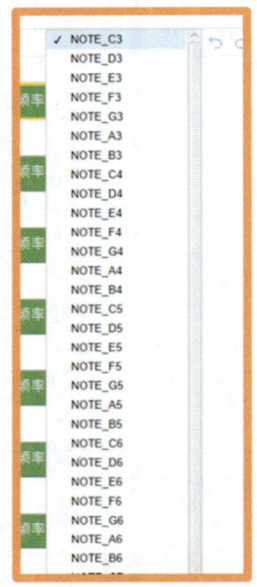
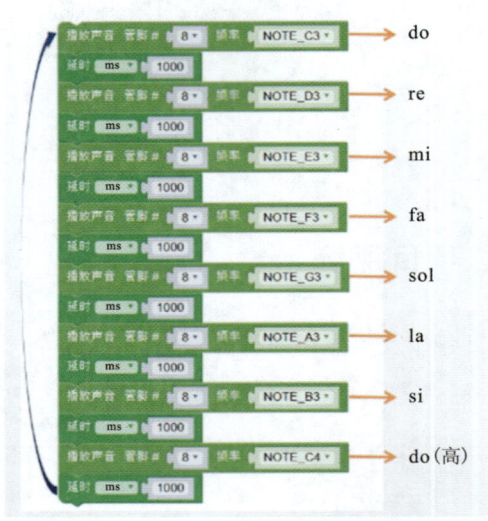

图 4-20　程序测试界面

(2)尝试设置门铃声。设置门铃声"叮""咚",找到对应音调,延时 1000ms,2 个频率交替播放,如图 4-21 所示。

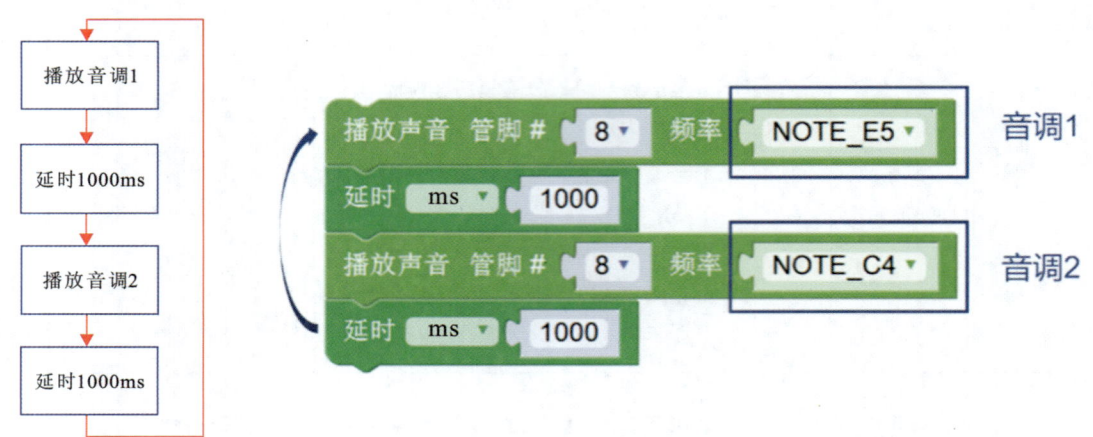

图 4-21　设置门铃声

(3)通过这个项目的学习,还能编写哪些类型的铃声呢?

项目五　制作调光灯

一、项目目标

(1) 掌握制作调光灯的方法,能正确搭建主体。
(2) 能正确连接电位器,编写脚本检测电位器串口并实现亮度调节功能。
(3) 理解通过程序扭动电位器以控制灯的亮度。

二、项目任务

1. 任务描述

本项目将制作一个调光灯,通过调整电位器来控制 LED 灯的亮度。在这个实例里我们将探讨如何运用 Mixly 程序完成任务。

2. 任务流程图

本项目的任务流程如图 5-1 所示。

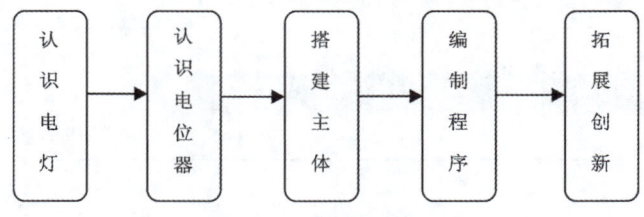

图 5-1　任务流程图

三、功能模块

学习本项目需要的材料和命令组见表 5-1。

表 5-1 材料及命令组

类型	名称				作用
功能模块	电位器 1个	黄色LED灯 1个	主板 1块	扩展板 1块	电位器：通过旋钮改变灯的亮度；LED灯发光；主板、扩展板：提供电源，将不同功能模块连接在一起传递信息
木板	18孔大底板 1块	主板底座 1块	3×12长方形底板 1块	竖接件 1块 / 90°接件 1块	固定各功能模块
五金件	M3×10mm螺丝钉 16颗	M3×16mm螺丝钉 3颗	M3螺母 11颗	M3×15mm铜柱 4颗	固定连接底板和连接件
命令组	模拟输入 管脚# A0				"模拟输入"代码块：返回指定管脚的值(0~1023)
	Serial 打印(自动换行) 模拟输入 管脚# A0 / 延时 ms 1000				电位器串口检测
	模拟输出 管脚# 3 赋值为 0				"模拟输出"代码块：设置指定管脚的值(0~255)
	映射 从 [1, 100] 到 [1, 1000]				"映射"代码块：表示数字从一个范围到另一个范围之间的互相对应关系

四、背景知识

1. 电灯的小知识

电灯是将电能转化为光能以提供照明的设备，出现于第二次工业革命期间，其工作原理为：电流通过灯丝时产生热量，螺旋状的灯丝不断将热量聚集，使得灯丝的温度达 2000℃ 以上，灯丝在处于白炽状态时，就像烧红了的铁能发光一样而发出光来，灯丝的温度越高，发出的光就越亮，故也可称为白炽灯。从能量转换的角度看，电灯发光时，大量的电能将转化为热能，只有极少一部分可以转化为有用的光能。

2. 电灯的发展历史

电灯的发展历史如图 5-2 所示。

图 5-2　电灯的发展历史

3. 电灯的分类

电灯分为拉绳灯、旋钮灯、触摸灯、声控灯等。

(1)拉绳灯(图 5-3):通过拉动绳子来闭合开关。很多挂壁风扇都是拉绳操作的。

(2)旋转灯(图 5-4):用电位器来控制开关闭合,亦可通过电位器扭动的幅度来调节灯的亮度。

图 5-3　拉绳灯　　　　　　　　　图 5-4　旋钮灯

(3)触摸灯(图 5-5):通过触摸台灯的按键部分就能控制台灯的开与关以及亮度。使用寿命长,十分省电。

(4)声控灯(图 5-6):全名为声光控灯,因为常和光线也有关系。声控灯里有一个检测光的光传感器。光控电子开关,它的开和关是靠可控硅的导通和阻断来实现的,而可控硅的导通和阻断又受自然光亮度的影响。

图 5-5　触摸灯　　　　　　　　　图 5-6　声控灯

4. 电位器

电位器(图 5-7)是可变电阻器的一种,通常由电阻体与转动或滑动系统组成。通过调整电位器,可以改变输出的电压大小。常见的为膜式或滑线式可变电阻。

图 5-7　电位器

五、操作指导

1. 搭建主体

(1)将主板固定在底座上。将 4 颗 M3×10mm 螺丝钉对齐主板外围 4 个孔和主板底座的 4 个孔(留两边 7 个孔),用螺母拧紧。对齐主板底座的孔位,如图 5-8 所示。

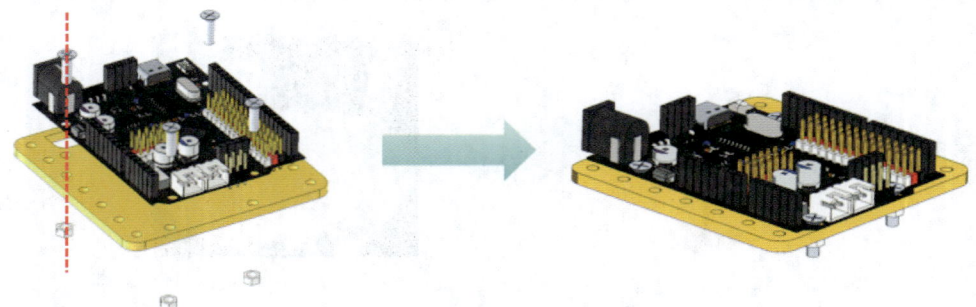

图 5-8　将主板固定在底座上

(2)将扩展板沿对应方向安装在主板上,如图 5-9 所示。

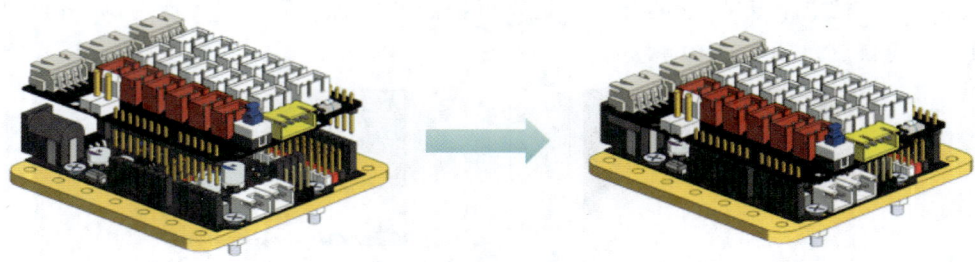

图 5-9　安装扩展板

(3)安装螺丝钉和铜柱。先将底部的 4 颗 M3×10mm 螺丝钉从下往上穿过 18 孔大底板安装在 A1、A7、G1、G7 孔中,然后将 4 颗 M3×15mm 铜柱分别对应拧紧,如图 5-10 所示。

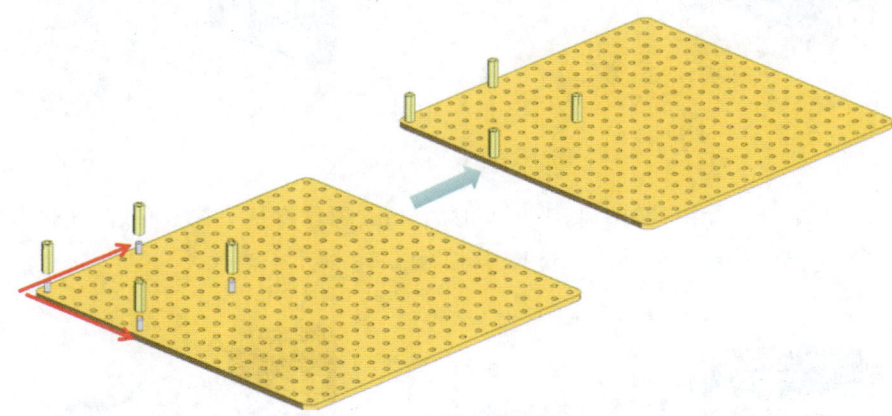

图 5-10　安装螺丝钉和铜柱

(4)主板就位。将刚做好的主板对齐 4 颗铜柱,然后用 4 颗 M3×10mm 螺丝钉从主板底座 4 个角的孔位往下和铜柱拧紧。使 3 个 4pin 线插口朝外,如图 5-11 所示。

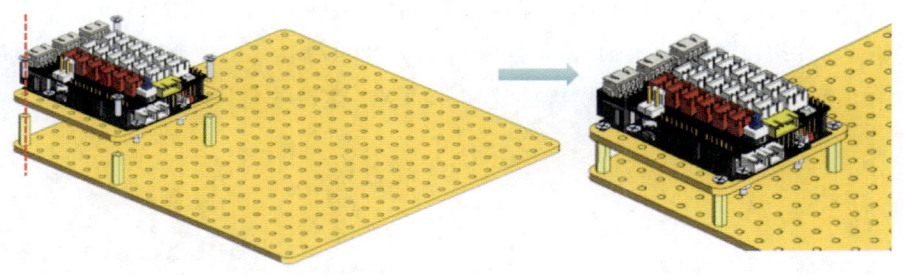

图 5-11　主板就位

(5)安装 90°接件。90°接件开口朝里和下方,与主板长边平行,安装在 18 孔大底板 F10、H10 孔中,如图 5-12 所示。

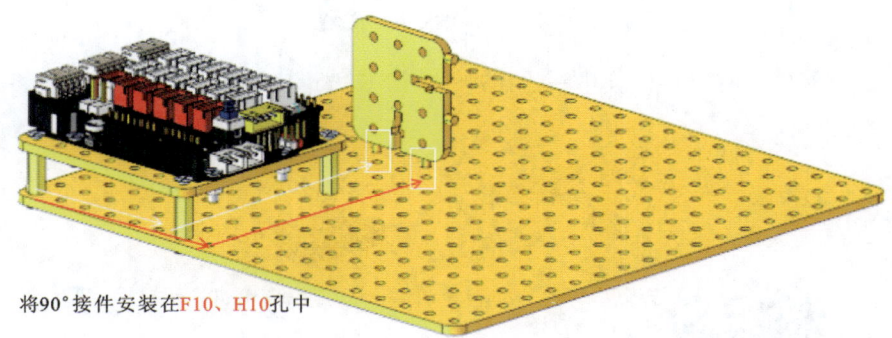

将90°接件安装在F10、H10孔中

图 5-12　安装 90°接件

(6)安装 M3 螺母。将 2 颗 M3 螺母从侧面放进 90°接件的 2 个卡位处,如图 5-13 所示。

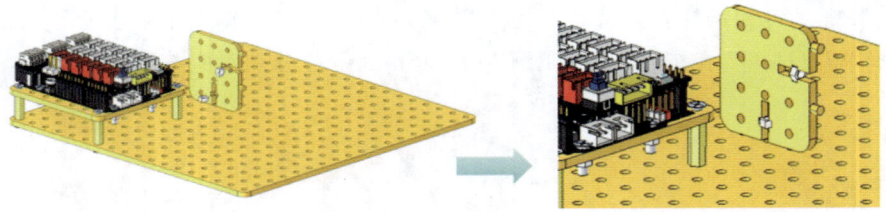

图 5-13　安装 M3 螺母

(7)安装 M3×16mm 螺丝钉。将 1 颗 M3×16mm 螺丝钉从下往上穿过 18 孔大底板 G10 孔,与固定在 90°接件处朝下的 M3 螺母拧紧,如图 5-14 所示。

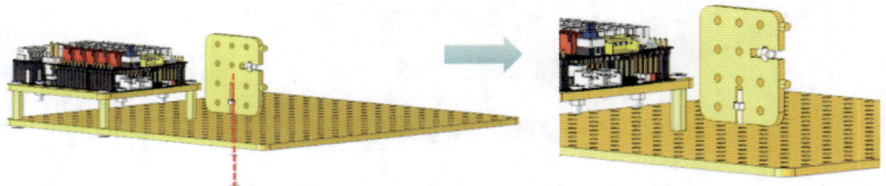

图 5-14　安装 M3×16mm 螺丝钉

(8)安装长方形底板。先将 90°接件 2 个孔位插进 3×12 长方形底板中间排孔从下往上的第 2 和第 4 个孔中,再将 M3×16mm 螺丝钉从外往里穿过 3×12 长方形底板中间排孔从下往上的第 3 个孔。并与固定在 90°接件处朝外的 M3 螺母拧紧,如图 5-15 所示。

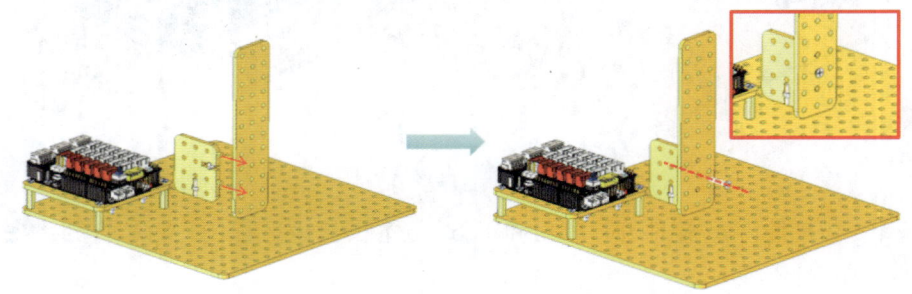

图 5-15　安装长方形底板

(9)安装竖接件。将竖接件其中一边插进 3×12 长方形底板第一排孔中,如图 5-16 所示。

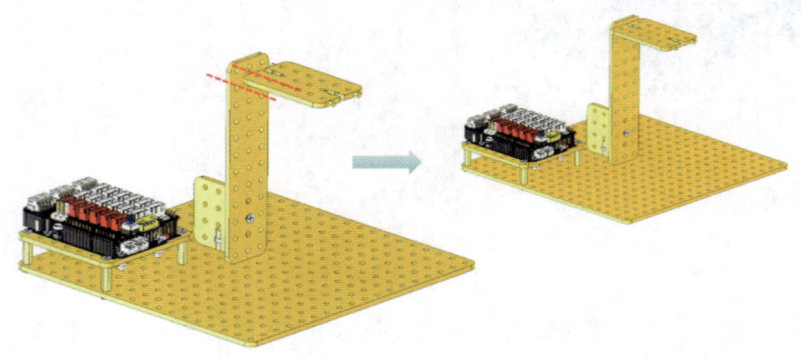

图 5-16　安装竖接件

(10)安装 M3×16mm 螺丝钉。先将 M3 螺母放进竖接件的卡位(注意不要掉落),再将 M3×16mm 螺丝钉穿过 3×12 长方形底板第一排的中间孔后,与螺母拧紧,如图 5-17 所示。

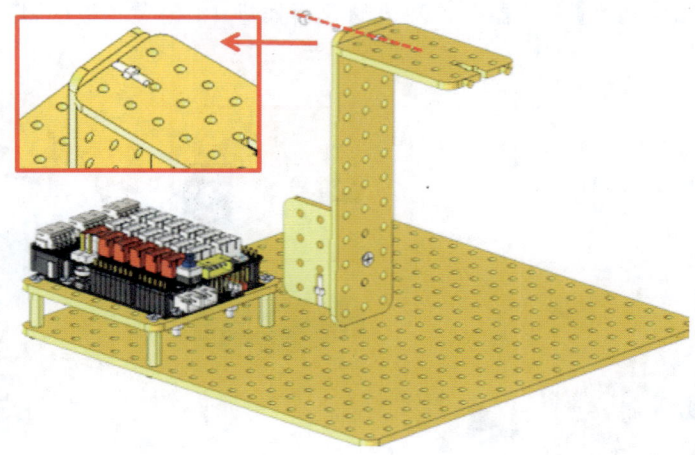

图 5-17 安装 M3×16mm 螺丝钉

(11)连接黄色 LED 灯。将黄色 LED 灯接好 3pin 线,然后插上 D9 号端口,再装上板,如图 5-18 所示。

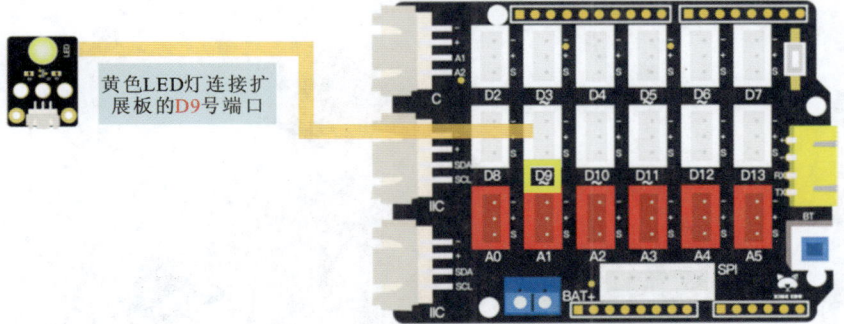

图 5-18 连接黄色 LED 灯

(12)连接电位器。将电位器接好 3pin 线,然后插上 A0 号端口,再装上板,如图 5-19 所示。

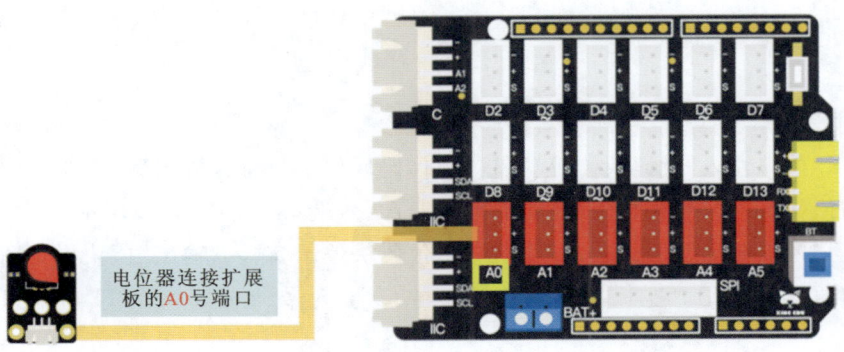

图 5-19 连接电位器

(13)安装电位器。先将 2 颗 M3×10mm 螺丝钉穿过 LED 灯插口两边的孔,再从下往上穿过竖接件第 3 排孔(灯头朝外),用 M3 螺母拧紧。再固定电位器的位置,把 2 颗 M3×10mm 螺丝钉从上往下穿过电位器插口两边的孔后插进 18 孔大底板中,用 M3 螺母拧紧,如图 5-20 所示。

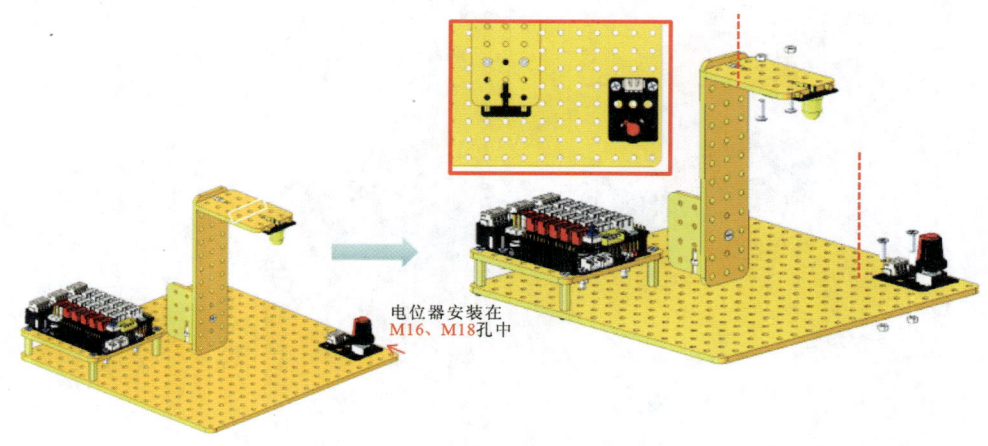

图 5-20　安装电位器

(14)调光灯安装完成,如图 5-21 所示。

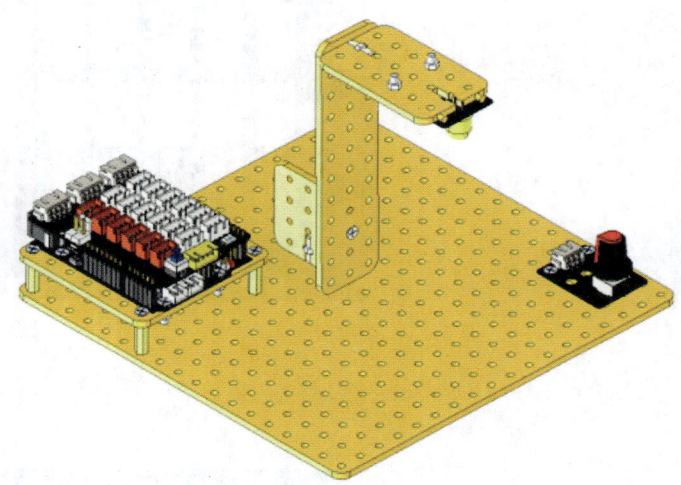

图 5-21　调光灯安装完成

2. 编制程序

(1)认识"模拟输入"代码块。"模拟输入"代码块位于"输入/输出"模块中,其作用是返回指定管脚的值(0~1023),主板上只能选择 A0—A7 号端口。如图 5-22 所示。

(2)认识"模拟输出"代码块。"模拟输出"代码块位于"输入/输出"模块中,其作用是设置指定管脚的值(0~255)。主板上只能选择 3 号、5 号、6 号、9 号、10 号、11 号端口,如图 5-23 所示。

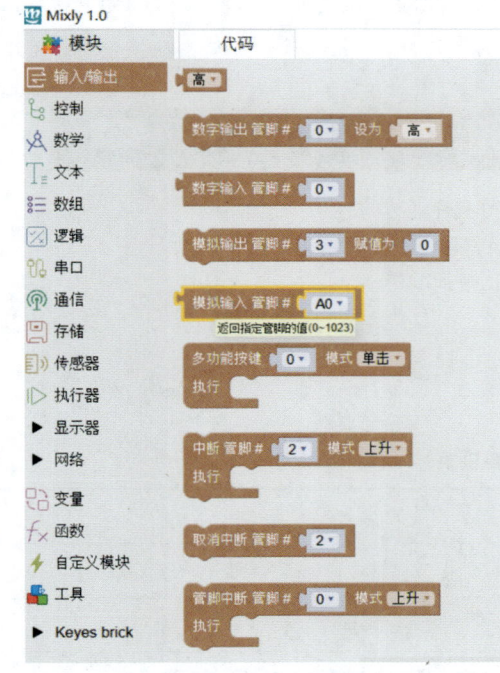

图 5-22 "模拟输入"代码块　　　　图 5-23 "模拟输出"代码块

（3）认识"映射"代码块。"映射"代码块位于"数学"模块中，表示数字从一个范围到另一个范围之间的互相对应关系，如图 5-24 所示。

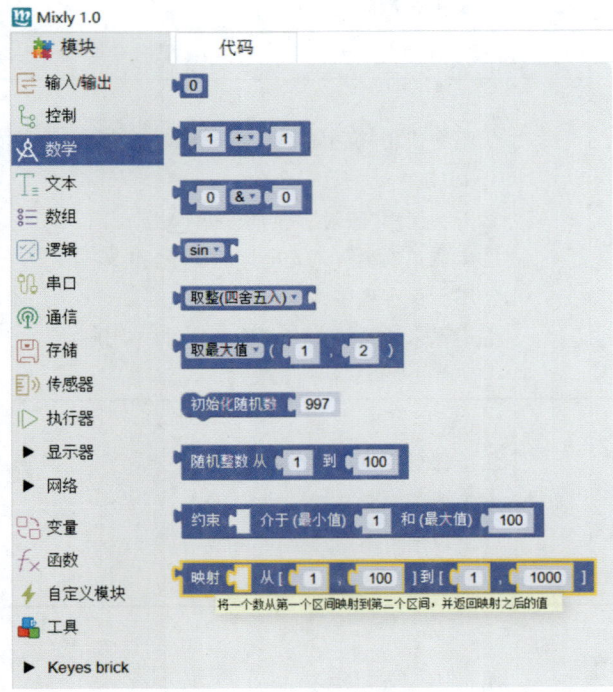

图 5-24 "映射"代码块

(4)调光灯的程序。电位器的数值(0～1023)对应灯的亮度值(0～255),扭动电位器可以控制灯的亮度,如图 5-25 所示。

图 5-25　调光灯程序

六、项目评价

项目考核及评分标准见表 5-2。

表 5-2　项目评价表

班级		同组人	
姓名		工时	
日期		得分	

序号	考核项目	配分	评分标准	扣分	备注
1	主体搭建情况	35	①不能正确搭建木板、使用螺母,扣 15 分 ②不能正确连接功能模块,扣 15 分 ③不按规范使用工具,扣 5 分		
2	项目完成情况	45	①不会使用"模拟输入"和"模拟输出"代码块,扣 10 分 ②不会使用"映射"代码块,扣 10 分 ③未能正确编写调光电灯的程序,扣 10 分 ④不会保存程序并退出,扣 5 分 ⑤下课未能及时上交完整作业,扣 10 分		
3	上课状态	20	①上课玩手机、睡觉,扣 10 分 ②上课随意离开教室,扣 5 分 ③上课结束不整理座位,扣 5 分		

七、拓展创新

(1)利用项目四中使用的无源蜂鸣器,制作一个调音台,搭建主体。无源蜂鸣器连接 D9 号端口,如图 5-26 所示。

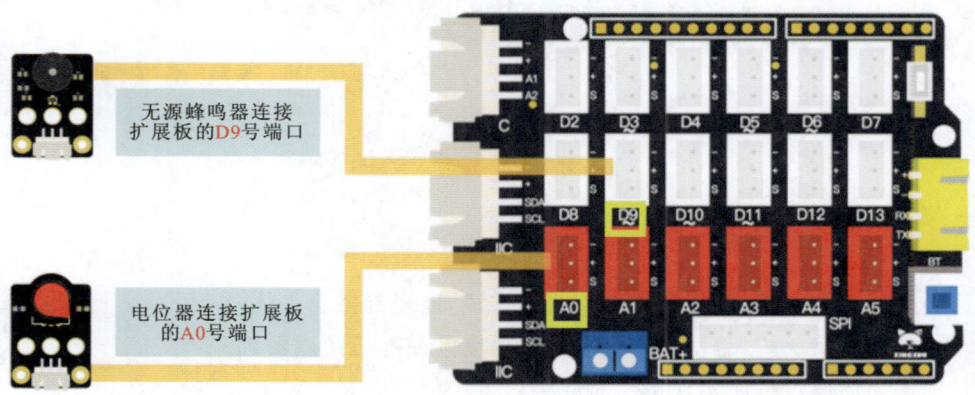

图 5-26　调音台主体搭建

(2)调音台程序:尝试通过旋转电位器更改模拟输入值,利用"映射"代码块将其转换为模拟输出值,而模拟输出值可以改变蜂鸣器的音量;电位器的数值(0～1023)对应无源蜂鸣器的声值(0～255),扭动电位器可以控制无源蜂鸣器的音调,如图 5-27 所示。

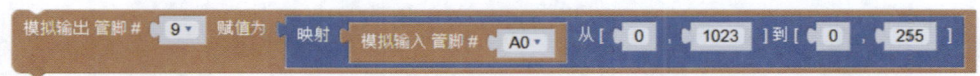

图 5-27　调音台程序

项目六 制作抽奖机

一、项目目标

(1) 了解抽奖的形状,掌握制作抽奖机的方法,能正确搭建主体。
(2) 能正确连接舵机,编写脚本调试舵机角度并使舵机角度随机。
(3) 理解如何通过程序实现按钮对舵机运行的控制。

二、项目任务

1. 任务描述

本项目将制作一个抽奖机。抽奖机是通过舵机电机轴旋转固定或随机的角度来指向定位,实现抽奖功能。在这个实例里我们将探讨如何运用 Mixly 程序完成任务。

2. 任务流程图

本项目的任务流程如图 6-1 所示。

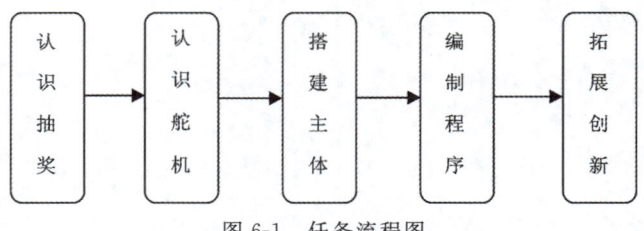

图 6-1 任务流程图

三、功能模块

学习本项目需要用到的材料和命令组见表 6-1。

项目六 制作抽奖机

表 6-1 材料及命令组

类型	名称				作用
功能模块	按钮模块 1个	舵机 1个	主板 1块	扩展板 1块	按钮：控制舵机；舵机：旋转一定角度；主板、扩展板：提供电源，将不同功能模块连接在一起传递信息
木板	18孔大底板 1块	主板底座 1块	舵机摆臂长条 1块	正方形舵机座 1块　6孔长条 2块	固定各功能模块
五金件	M3×10mm螺丝钉 22颗	M3螺母 6颗	M3×20mm铜柱 4颗	M3×15mm铜柱 4颗　舵机螺丝 2颗	固定连接底板和连接件
命令组	舵机 管脚#2 角度(0~180) 0 延时(ms) 0				"舵机"代码块：控制摆动的角度和延时的时长
	舵机 管脚#7 角度(0~180) 90 延时(ms) 1000				舵机角度测试程序
	随机整数 从 1 到 100				"随机"代码块：表示在一个范围内随机取任何整数值

四、背景知识

1. 抽奖的形式

抽奖的形式有很多种，包括砸金蛋、大转盘、抽奖球、刮刮乐等如图 6-2 所示。

图 6-2 抽奖的形式

2. 关于舵机

舵机(图6-3)是一种位置(角度)伺服的驱动器，其工作过程是把所接收到的电信号转换成电动机轴上的角位移或角速度输出。它广泛应用于人形机器人或多足机器人领域。我们使用的舵机转动的角度为0°~180°。舵机内部为机械结构，每个角度的转换需要一定的时间，可用于那些需要角度不断变化且角度可以保持一定时间的控制系统。目前舵机常用于高档遥控玩具中，如航模(包括飞机模型)、潜艇模型中。

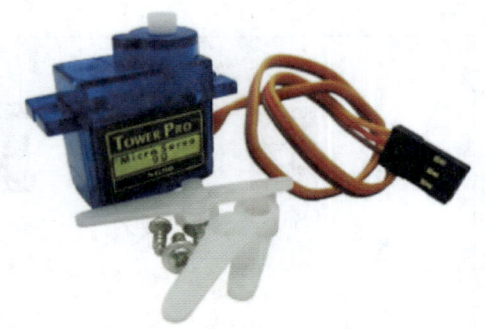

图6-3 舵机

五、操作指导

1. 搭建主体

(1)将主板固定在底座上。将4颗M3×10mm螺丝钉对齐主板外围的4个孔和主板底座的4个孔(留两边7个孔)，用螺母拧紧。要对齐主板底座的孔位，如图6-4所示。

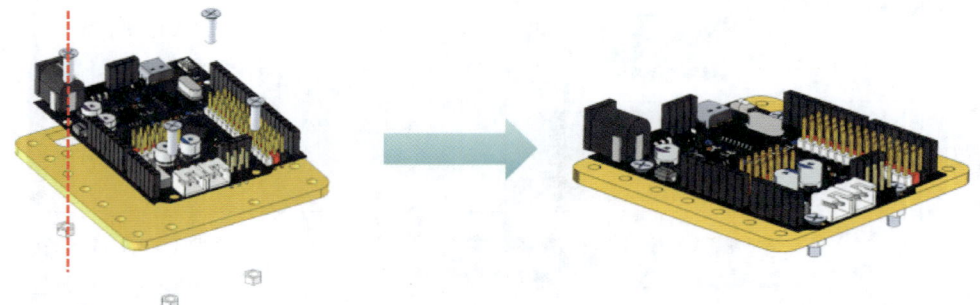

图6-4 将主板固定在底座上

(2)安装扩展板。将扩展板沿对应方向安装在主板上，如图6-5所示。

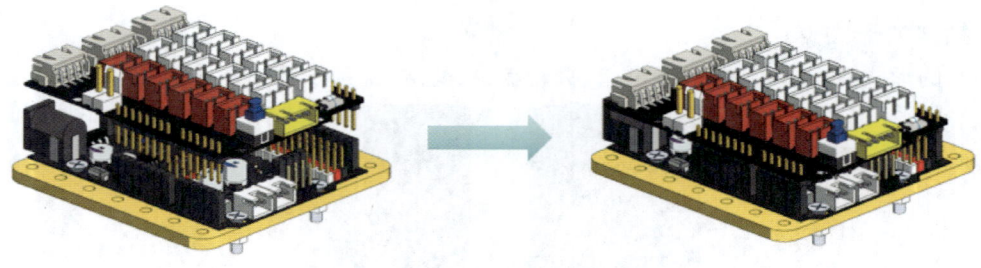

图6-5 安装扩展板

(3)安装螺丝钉和铜柱。将M3×10mm螺丝钉从下往上安装在A1、A7、G1、G7孔中。先将底部的4颗M3×10mm螺丝钉从下往上穿过18孔大底板，然后将4颗M3×15mm铜柱分别对应拧紧，如图6-6所示。

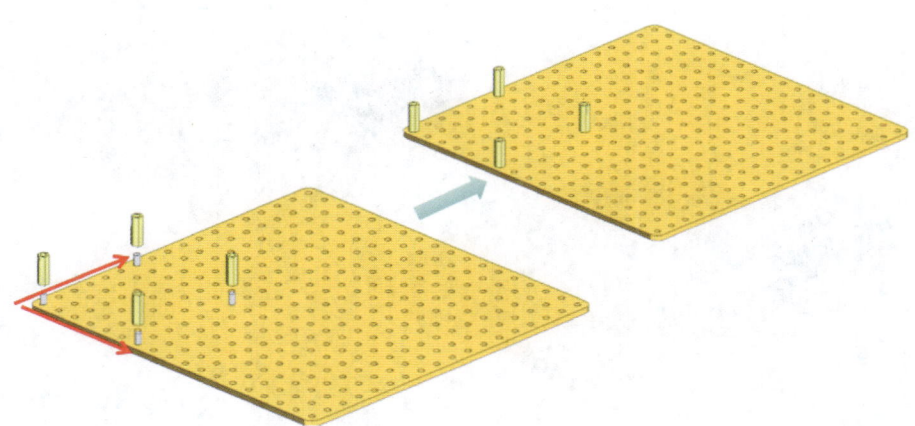

图 6-6　安装螺丝钉和铜柱

（4）主板就位。将刚安装好的主板对齐 4 颗铜柱，然后用 M3×10mm 螺丝钉从主板底座 4 个角的孔位往下和铜柱拧紧（3 个 4pin 线插口朝外），如图 6-7 所示。

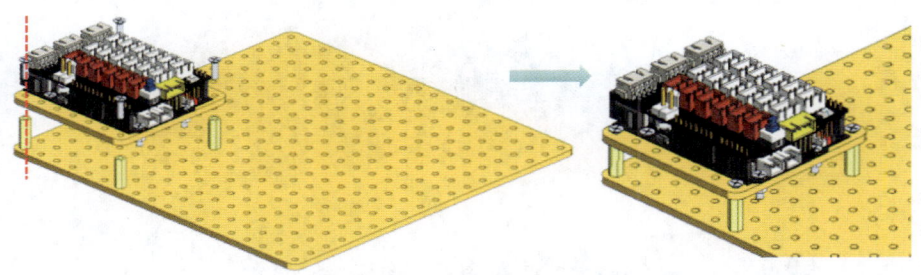

图 6-7　主板就位

（5）固定舵机。对照好方向，把正方形舵机板卡在舵机上，先将 2 颗 M3×10mm 螺丝钉穿过正方形舵机板中间的 2 个孔中，再穿过舵机两边的孔。然后用 M3×10mm 螺丝钉从上往下穿过正方形舵机板的 4 个角，最后用 M3×20mm 铜柱从下往上与螺丝钉拧紧（6-8）。

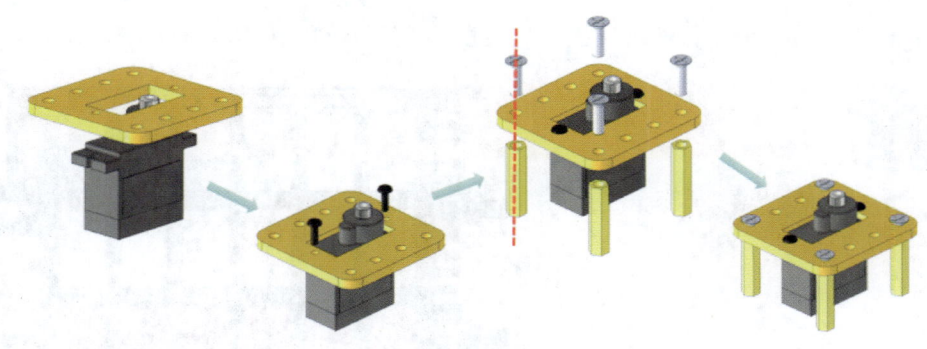

图 6-8　固定舵机

（6）安装 6 孔长条。先将 4 颗 3×10mm 螺丝钉从下往上穿过 18 孔大底板（螺丝钉间相隔 2 个孔），安装在 H6、H9、K6、K9 孔中，然后将 6 孔长条的第 2 和第 4 个孔卡在螺丝钉上（图 6-9）。

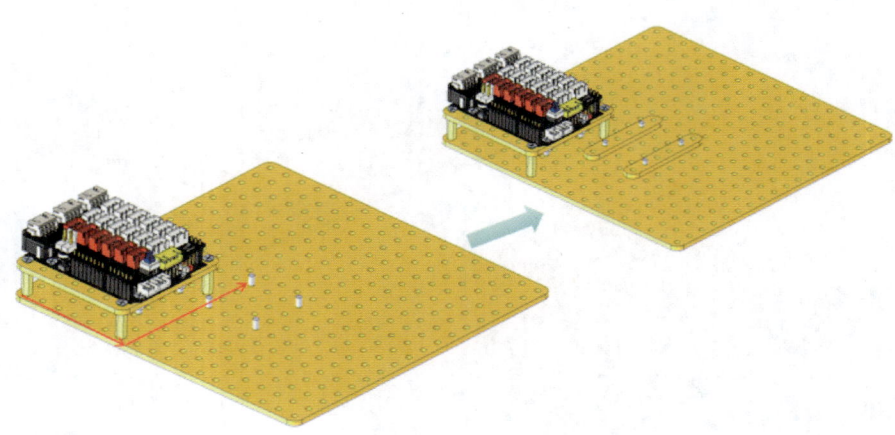

图 6-9　安装 6 孔长条

（7）安装舵机。将刚做好的舵机的 4 颗铜柱对应 18 孔大底板上的螺丝钉拧紧，如图 6-10 所示。

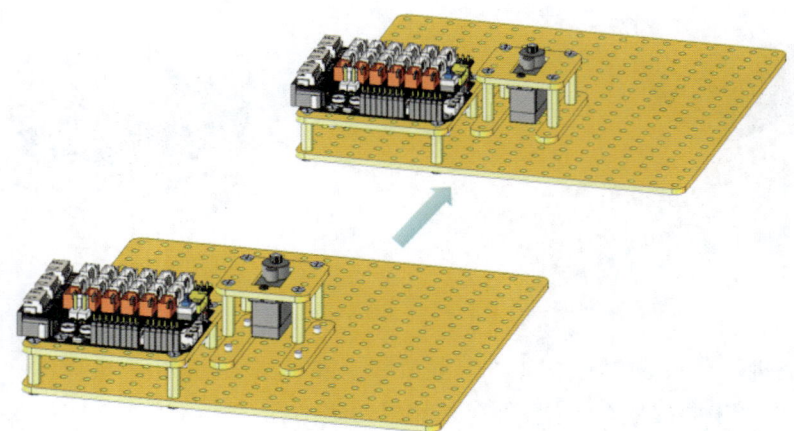

图 6-10　安装舵机

（8）舵机连接扩展板。将舵机连接在扩展板的 D7 号端口，如图 6-11 所示。

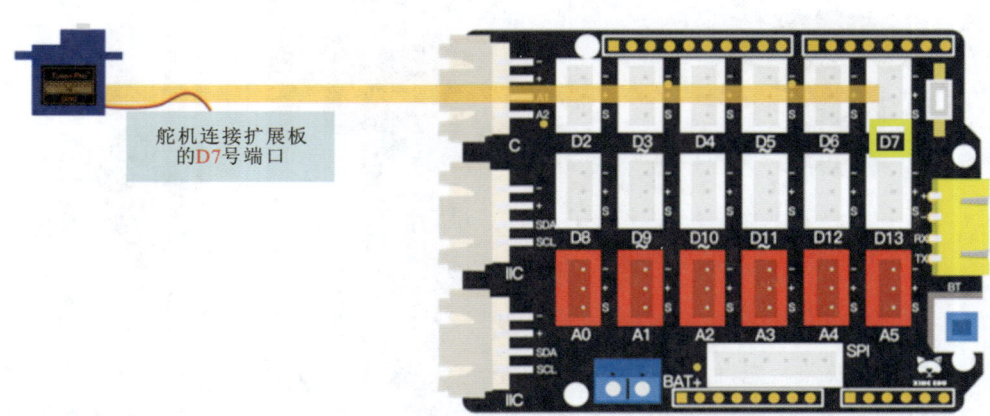

图 6-11　舵机连接扩展板

（9）按钮模块连接扩展板。先将按钮模块接好3pin线，然后插上D8号端口，再装上板，如图6-12所示。

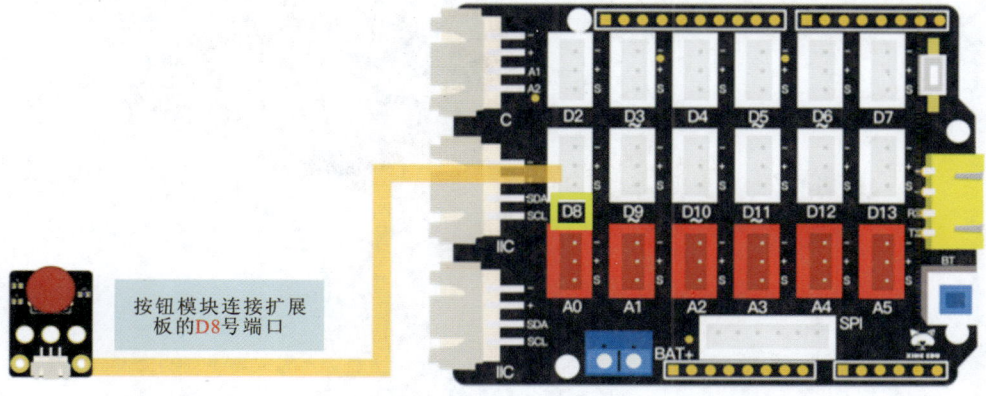

图6-12　按钮模块连接扩展板

（10）安装按钮模块。先将2颗3×10mm螺丝钉从下往上穿过按钮插口两边的O5、Q5孔（按钮朝左边），然后再穿过18孔大底板，并用M3螺丝从下往上与螺丝钉拧紧，如图6-13所示。

图6-13　安装按钮模块

（11）搭建舵机摆臂。将2颗舵机螺丝钉先穿过舵机摆臂长条有大孔那边的第1和第3个孔，再穿进舵机摆臂两边第3个孔，如图6-14所示。

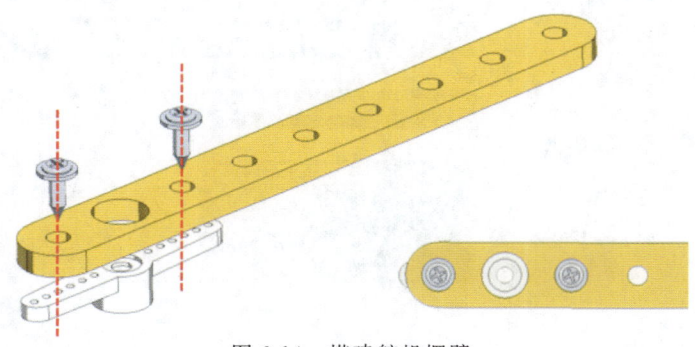

图6-14　搭建舵机摆臂

(12) 安装舵机摆臂。将做好的舵机摆臂装回舵机上，主体搭建完成，如图6-15所示。

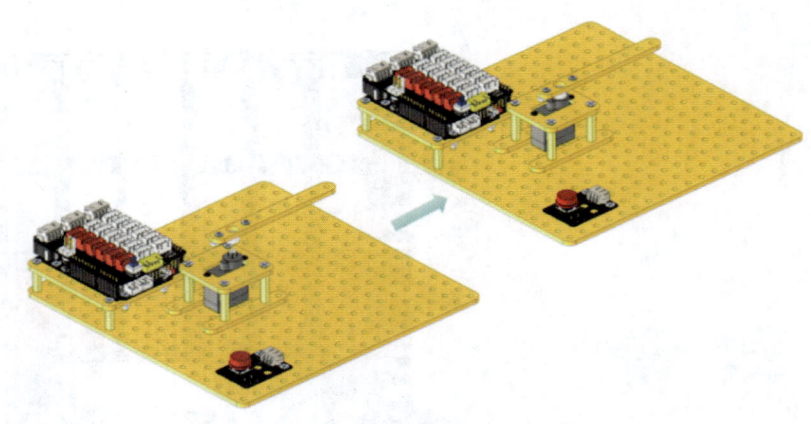

图 6-15　安装舵机摆臂

2. 编制程序

1) 舵机角度调试

(1) 认识"舵机"代码块："舵机"代码块位于"执行器"模块中，它可以在 0°～180°间旋转，如图 6-16 所示。

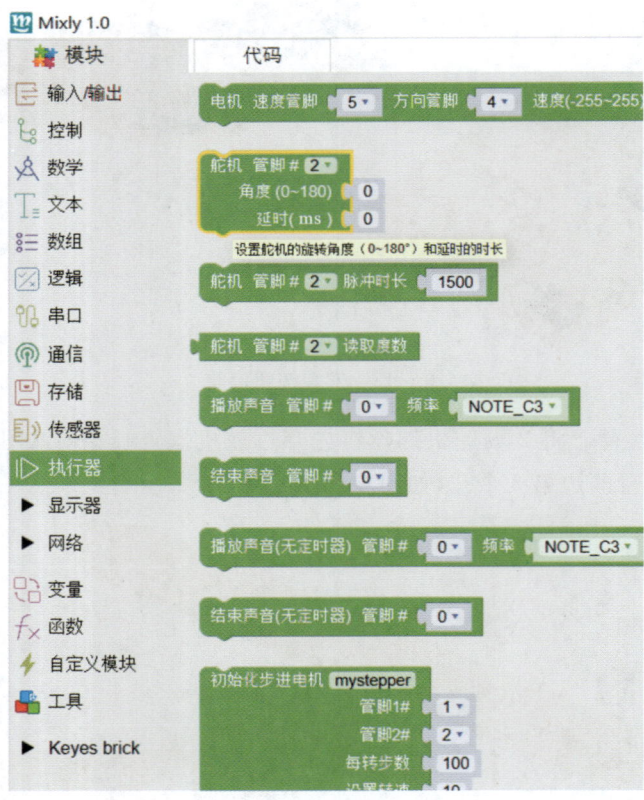

图 6-16　"舵机"代码块

(2)舵机角度测试的程序：调节 3 个角度，即 0°、90°、180°，每个角度间延时 1000ms，如图 6-17 所示。

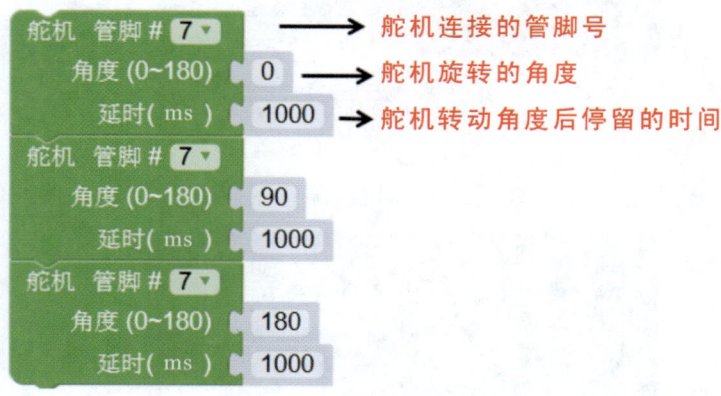

图 6-17　舵机角度测试的程序

2）随机命令

(1)认识"随机"代码块："随机"代码块位于"数学"模块中，表示返回一个范围内随机的任何整数值，如图 6-18 所示。

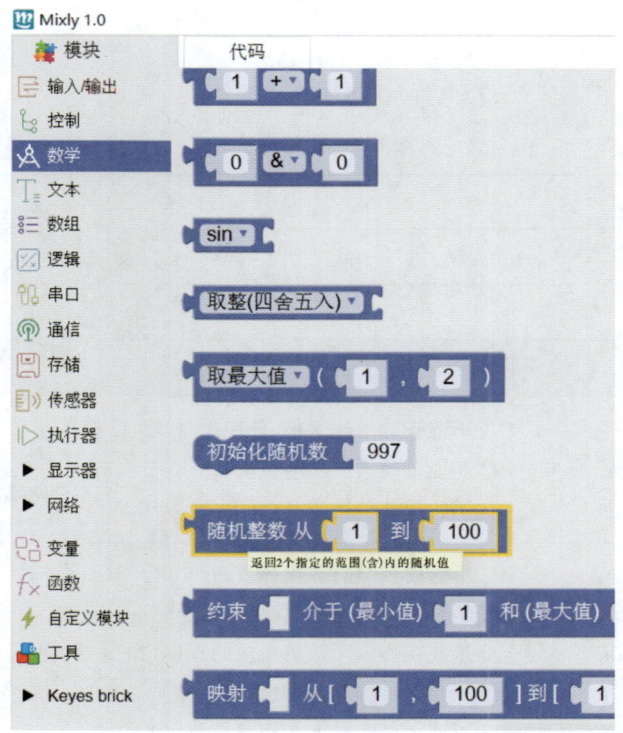

图 6-18　"随机"代码块

(2)随机角度的程序：每隔 1s 换 1 个随机的角度，如图 6-19 所示。

图 6-19 随机角度的程序

3）按钮控制

按钮控制随机角度的程序：按下按钮，舵机就随意变换 1 个角度，如图 6-20 所示。

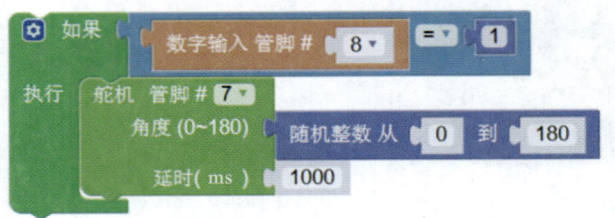

图 6-20 按钮控制随机角度的程序

六、项目评价

项目考核及评分标准见表 6-2。

表 6-2 项目评价表

班级		同组人	
姓名		工时	
日期		得分	

序号	考核项目	配分	评分标准	扣分	备注
1	主体搭建情况	35	①不能正确搭建木板、使用螺母，扣 15 分 ②不能正确连接功能模块，扣 15 分 ③不按规范使用工具，扣 5 分		
2	项目完成情况	45	①不会使用"舵机"代码块，扣 10 分 ②不会使用"随机"代码块，扣 10 分 ③未能正确编写随机角度的程序，扣 10 分 ④不会保存程序并退出，扣 5 分 ⑤下课未能及时上交完整作业，扣 10 分		
3	上课状态	20	①上课玩手机、睡觉，扣 10 分 ②上课随意出去，扣 5 分 ③上课结束不整理座位，扣 5 分		

七、拓展创新

(1)使用项目五学习的电位器,制作一个由电位器控制的抽奖机,搭建主体。电位器连接扩展板的 A0 号端口,舵机连接扩展板的 D7 号端口,如图 6-21 所示。

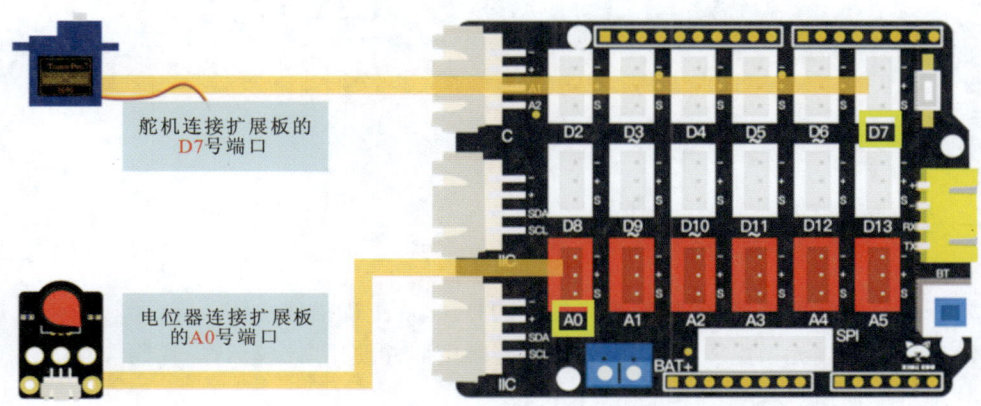

图 6-21　电位器抽奖机主体搭建

(2)电位器控制舵机程序:尝试通过旋转电位器改变模拟输入值,"映射"代码块将其转换为模拟输出值,而模拟输出值则改变舵机的角度,延时 50ms,如图 6-22 所示。

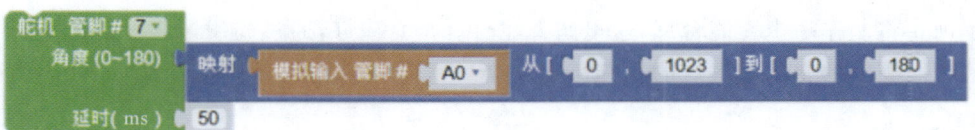

图 6-22　电位器控制舵机程序

项目七　制作光控灯

一、项目目标

（1）了解光控灯的含义，掌握制作光控灯的方法，能正确搭建主体。
（2）能正确连接光敏电阻，编写脚本检测光敏电阻并使用"比较运算"代码块。
（3）理解如何通过程序调节光控灯的亮度。

二、项目任务

1. 任务描述

本项目将制作一个智能台灯，这里的智能台灯是光控灯，通过光敏电阻的内光电效应，实现随着光照亮度的变化开关灯的功能。在这个实例里我们将探讨如何运用 Mixly 程序完成任务。

2. 任务流程图

本项目的任务流程如图 7-1 所示。

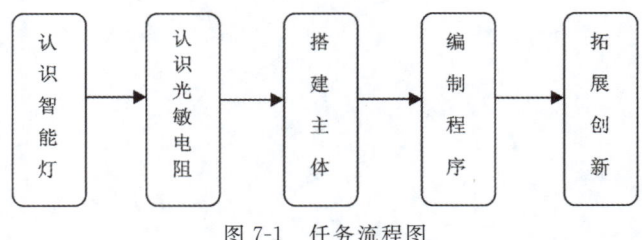

图 7-1　任务流程图

三、功能模块

学习本项目需要的材料和命令组见表 7-1。

表 7-1 材料及命令组

类型	名称	作用
功能模块	光敏电阻 1个　　黄色LED灯 1个　　主板 1块　　扩展板 1块	光敏电阻:感知光照强度;LED 灯:发光;主板、扩展板:提供电源,将不同功能模块连接在一起传递信息
木板	18孔大底板 1块　　主板底座 1块　　3×12长方形底板 1块　　竖接件 1块　　90°接件 1块	固定各功能模块
五金件	M3×10mm螺丝钉 12颗　　M3×16mm螺丝钉 5颗　　M3螺丝 9颗　　M3×15mm铜柱 4颗	固定连接底板和连接件
命令组	（Serial 打印（自动换行）模拟输入 管脚# A0；延时 ms 500）	光敏电阻串口检测
	逻辑 >	"比较运算"代码块:比较左右两侧值的大小
	如果 模拟输入 管脚# A0 > 500 执行 数字输出 管脚# 7 设为 高 否则 数字输出 管脚# 7 设为 低	"如果"代码块:表示1个逻辑关系,如果 A,执行 B,否则 C

四、背景知识

1. 关于台灯

台灯指放在桌子上用的有底座的电灯,是人们生活中用来照明的一种家用电器。一般台灯用的灯泡是白炽灯泡、节能灯泡。它小巧精致,方便携带。除了声控灯等外,还有光控灯,如图 7-2 所示。

图 7-2 光控灯

2. 关于光敏电阻

光敏电阻（图 7-3）是用硫化镉或硒化镉等半导体材料制成的特殊电阻器，又称为光电导探测器，其工作原理是基于内光电效应，光照越强，电阻值越低。

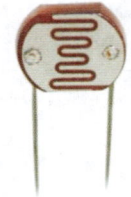

图 7-3 光敏电阻

五、操作指导

1. 主体搭建

（1）将主板固定在底座上。将 4 颗 M3×10mm 螺丝钉对齐主板外围 4 个孔和主板底座的 4 个孔（留两边 7 个孔），用 M3 螺母拧紧（对齐主板底座的孔位），如图 7-4 所示。

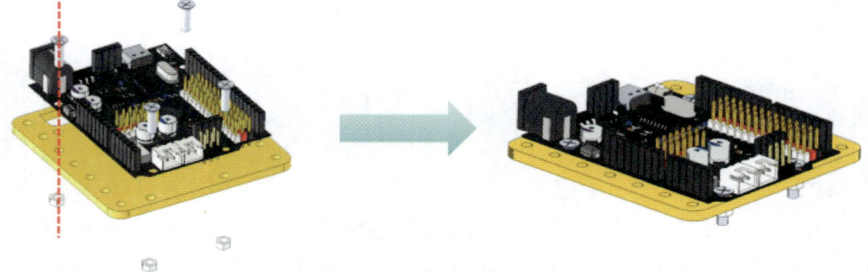

图 7-4 将主板固定在底座上

(2)安装扩展板。将扩展板沿对应方向安装在主板上,如图 7-5 所示。

图 7-5　安装扩展板

(3)安装螺丝钉和铜柱。先将底部的 4 颗 M3×10mm 螺丝钉从下往上穿过 18 孔大底板安装在 A1、A7、G1、G7 孔中,然后将 4 颗 M3×15mm 铜柱分别对应拧紧,如图 7-6 所示。

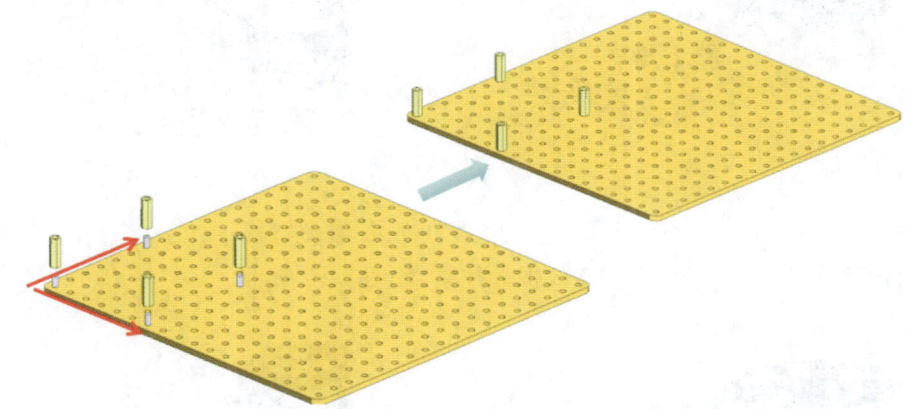

图 7-6　安装螺丝钉和铜柱

(4)主板就位。将刚做好的主板对齐 4 颗铜柱,然后用 M3×10mm 螺丝钉从主板底座 4 个角的孔位往下和铜柱拧紧(3 个 4pin 线插口朝外),如图 7-7 所示。

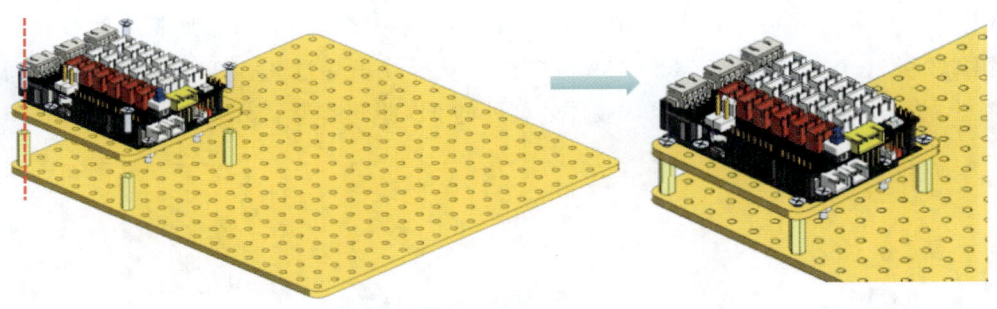

图 7-7　主板就位

(5)安装 90°接件。将 90°接件开口朝里和下方,与主板垂直,安装在 18 孔大底板 F10、H10 孔中,如图 7-8 所示。

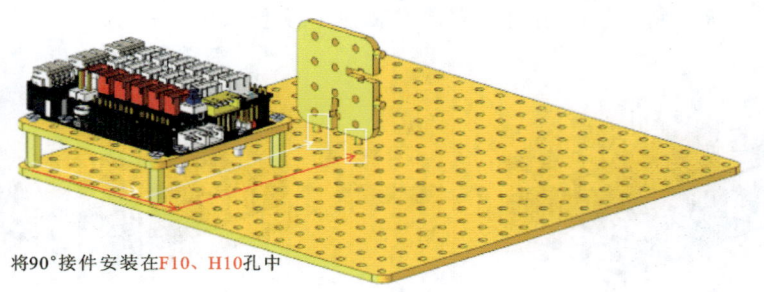

图 7-8　安装 90°接件

（6）安装 M3 螺母。先将 2 颗 M3 螺母从侧面放进 90°接件的 2 个卡位处，如图 7-9 所示。

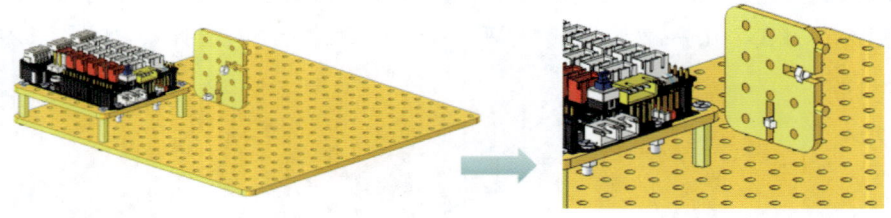

图 7-9　安装 M3 螺母

（7）安装 M3×16mm 螺丝钉。将 1 颗 M3×16mm 螺丝钉从下往上穿过 18 孔大底板的 G10 孔，与固定在 90°接件处朝下的 M3 螺母拧紧，如图 7-10 所示。

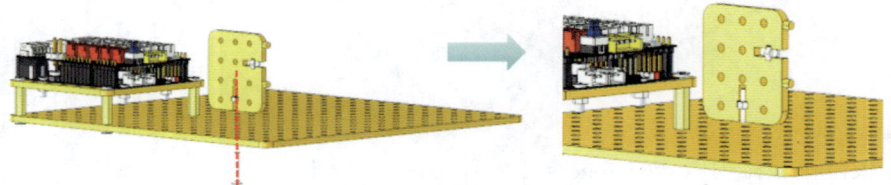

图 7-10　安装 M3×16mm 螺丝钉

（8）安装长方形底板。先将 90°接件的 2 个孔位插进 3×12 长方形底板中间排孔从下往上的第 2 和第 4 个孔中，再将 M3×16mm 螺丝钉从外往里穿过 3×12 长方形底板中间排孔从下往上的第 3 个孔并与固定在 90°接件处朝外的 M3 螺母拧紧，如图 7-11 所示。

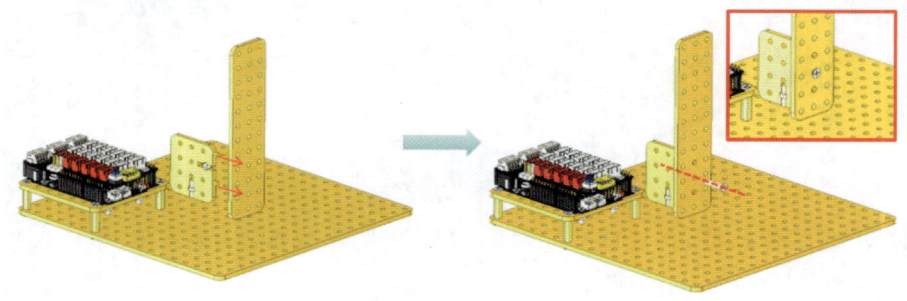

图 7-11　安装长方形底板

项目七 制作光控灯

(9)安装竖接件。将竖接件其中一边插进 3×12 长方形底板第一排孔中,如图 7-12 所示。

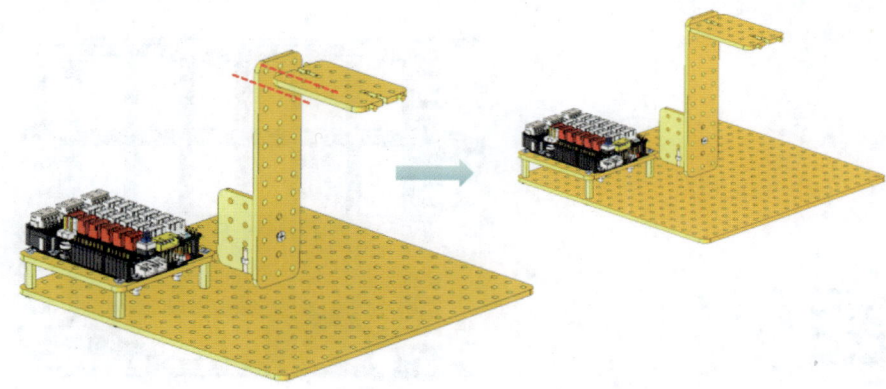

图 7-12　安装竖接件

(10)安装 M3×16mm 螺丝钉。将 M3 螺母放进竖接件的卡位,再将 M3×16mm 螺丝钉穿过 3×12 长方形底板第一排的中间孔后,与螺母拧紧,如图 7-13 所示。

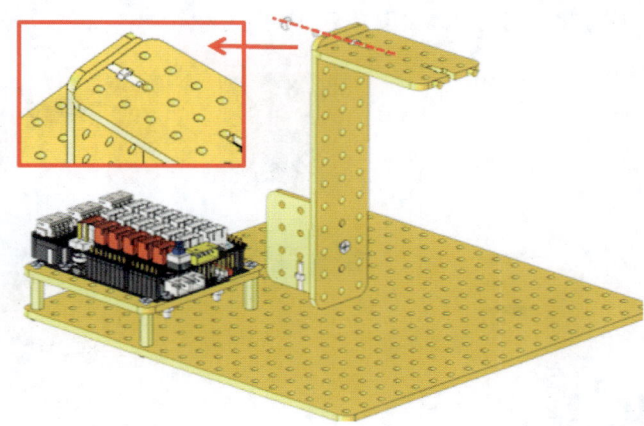

图 7-13　安装 M3×16mm 螺丝钉

(11)连接黄色 LED 灯。将黄色 LED 灯接好 3pin 线,然后插上 D7 号端口,丮装上板,如图 7-14 所示。

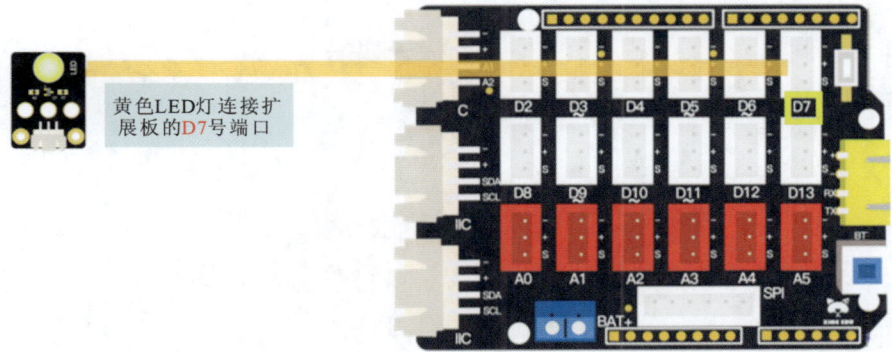

图 7-14　连接黄色 LED 灯

(12)连接光敏电阻。将电位器接好 3pin 线然后插上 A0 号端口,再装上板,如图 7-15 所示。

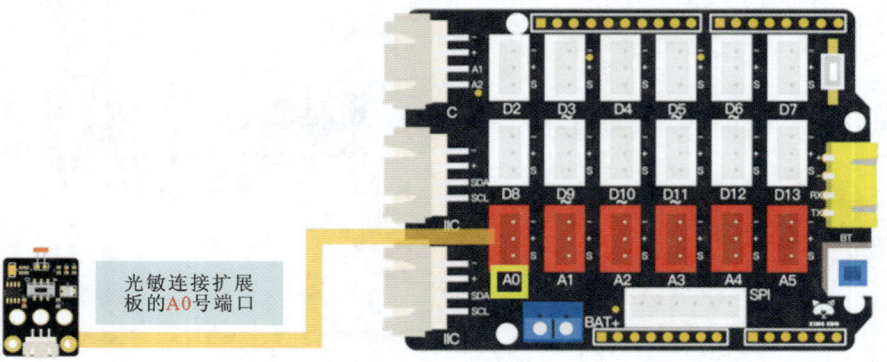

图 7-15　光敏电阻连接

(13)安装光敏电阻和 LED 灯。先将 2 颗 M3×16mm 螺丝钉穿过 LED 灯插口两边的孔后,从下往上穿过竖接件第 3 排孔(灯头朝外),再穿过光敏电阻插口两边的孔(光敏朝外),用 2 颗 M3 螺母从上往下与螺丝钉拧紧,如图 7-16 所示。

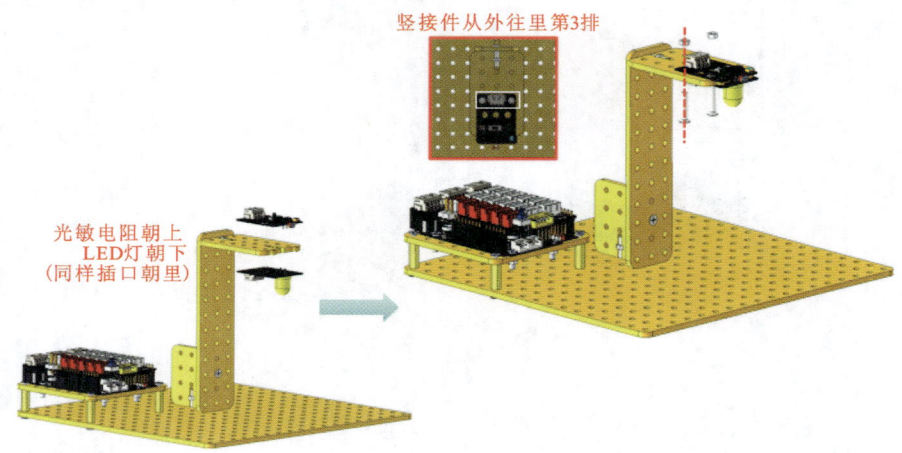

图 7-16　安装光敏电阻和 LED 灯

(14)光控灯主体搭建完成后如图 7-17 所示。

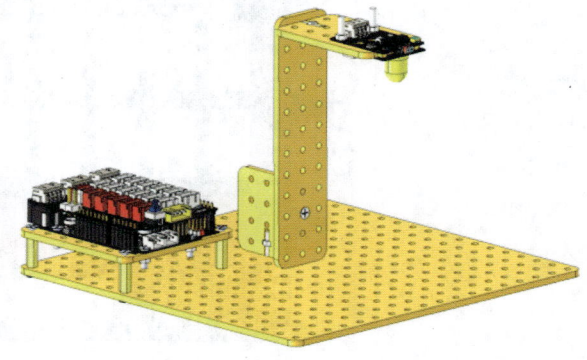

图 7-17　光控灯主体图

2. 编制程序

1) 光敏电阻串口检测

光敏电阻串口检测代码如图 7-18 所示。

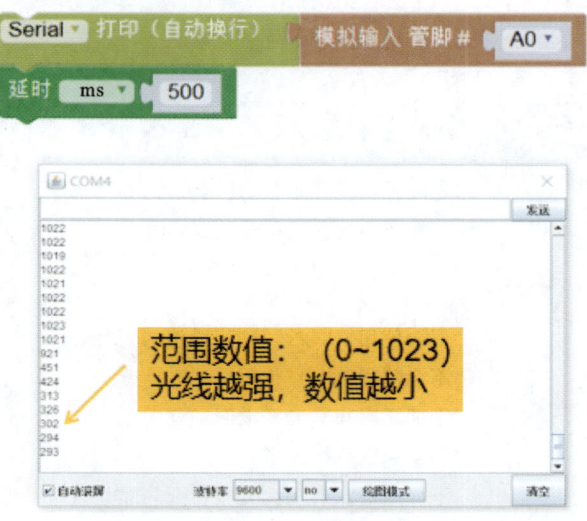

图 7-18 光敏电阻串口检测

2) 光控灯

光控灯的程序:光线越弱,数值大于 500,灯就亮;相反,光线越强,数值小于或等于 500,灯就灭,如图 7-19 所示。

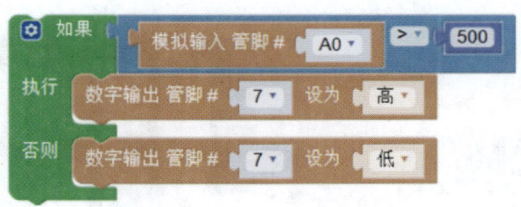

图 7-19 光控灯的程序

六、项目评价

项目考核及评分标准见表 7-2。

七、拓展创新

(1) 制作一个亮度自调光控灯,搭建主体。黄色 LED 灯连接 D9 号端口,光敏电阻连接 A0 号端口,如图 7-20 所示。

(2) 亮度自调光控灯的程序:光敏电阻的数值(0~1023)对应灯的亮度(0~255),光线的强度可以控制灯的亮度:光线越强,灯越暗;光线越弱,灯越亮,如图 7-21 所示。

表 7-2 项目评价表

班级		同组人	
姓名		工时	
日期		得分	

序号	考核项目	配分	评分标准	扣分	备注
1	主体搭建情况	35	①不能正确搭建木板、使用螺母,扣15分 ②不能正确连接功能模块,扣15分 ③不按规范使用工具,扣5分		
2	项目完成情况	45	①不会使用"比较运算"代码块,扣10分 ②不会使用"如果"代码块,扣10分 ③未能正确编写光敏电阻的程序,扣10分 ④不会保存程序并退出,扣5分 ⑤下课未能及时上交完整作业,扣10分		
3	上课状态	20	①上课玩手机、睡觉,扣10分 ②上课随意离开教室,扣5分 ③上课结束不整理座位,扣5分		

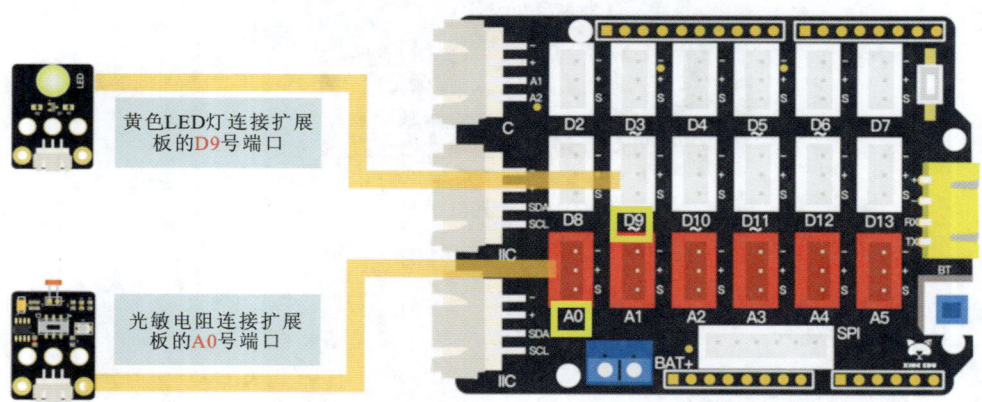

图 7-20 亮度自调光控灯主体搭建

图 7-21 亮度自调光控灯的程序

项目八　制作温度显色器

一、项目目标

（1）掌握制作温度显色器的方法，能正确搭建主体。
（2）能正确连接灯条和温度传感器，编写脚本检测热敏电阻串口，设置 RGB 值并点亮灯。
（3）理解通过程序实现 LED 灯随温度变换颜色的功能。

二、项目任务

1. 任务描述

本项目将制作一个温度显色器。温度显色器是通过热敏电阻感受温度并将其转换成输出信号，实现对 RGB 灯不同颜色的调节。在这个实例里我们将探讨如何运用 Mixly 程序完成任务。

2. 任务流程图

本项目的任务流程如图 8-1 所示。

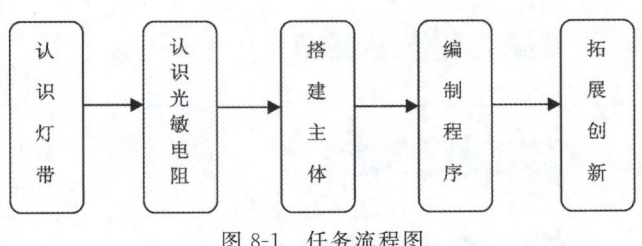

图 8-1　任务流程图

三、功能模块

学习本项目需要的材料和命令组见表 8-1。

表 8-1 材料及命令组

类型	名称	作用
功能模块	温度传感器 1个；RGB灯带 1条（10颗LED灯）；主板 1块；扩展板 1块	温度传感器：控制RGB灯带的颜色；RGB灯带：发光；主板、扩展板：提供电源，将不同功能模块连接在一起传递信息
木板	12孔大底板 1块；主板底座 1块；90°接件 1块；3×12长方形底板 1块；2孔条 5块；垫片 2块	固定各功能模块
五金件	M3×10mm螺丝钉 15颗；M3×16mm螺丝钉 5颗；M3螺母 12颗；M3×15mm铜柱 4颗	固定连接底板和连接件
命令组	Serial打印（自动换行）模拟输入管脚# A0，延时 ms 500	热敏电阻串口检测
	RGB灯 管脚# 12 灯号 1 颜色 R值 0 G值 0 B值 0	"RGB灯"代码块：设置灯带的管脚、灯号及其颜色
	RGB灯 管脚# 12 灯数 4	"RGB灯灯数"代码块：设置点亮的灯的数目
	RGB灯设置生效 管脚# 0	"RGB灯设置生效"代码块：需要设置生效灯才会亮
	RGB灯 管脚# 12 亮度 20	"RGB灯亮度"代码块：设置灯的亮度
	使用 i 从 1 到 10 步长为 1 执行	"步长"代码块：按指定的间隔，执行指定的代码块
	且 如果两个输入结果都为真，则返回真	"且"代码块：如果2个输入结果都为真，则返回真
	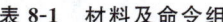	"颜色"代码块：设置灯光颜色

四、背景知识

1. 灯带小知识

（1）LED 灯带（图 8-2）：是把 LED 灯组装在带状的 FPC（柔性线路板）或 PCB 硬板上，因其产品形状像一条带子而得名。LED 灯带一般分为柔性 LED 灯带和 LED 硬灯条两种，特征有：①可以剪切和延接；②电灯泡与通路被彻底包覆在柔性塑胶中，绝缘功能好，运用保险；③耐气象性强；④不易断裂，使用寿命长，一般可运行 8 万～10 万 h；⑤易于制造图形、文字等造型。目前 LED 灯带已被广泛使用在很多场所。

（2）RGB 灯带（图 8-3）：RGB 对应于颜色红（red）、绿（green）、蓝（blue），RGB 灯带上焊接的每个 LED 灯都是由红、绿、蓝 3 颗芯片组成的。每个 LED 灯都可以单独发出红、绿、蓝 3 种单色光，也可以 3 颗芯片一起发光，组合成白光。如果加上控制器的话，就可以实现红、绿、蓝、白 4 种颜色的依次变幻和闪烁效果。

（3）七彩 LED 灯带：一条 LED 灯带上面焊接了红、黄、蓝、绿、白、紫、棕 7 种不同颜色的 LED 灯，也就是说属于混装型 LED 灯带。

图 8-2　LED 灯带

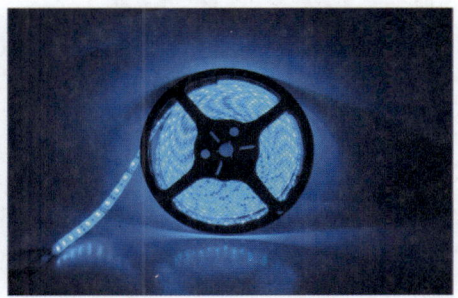

图 8-3　RGB 灯带

2. 温度传感器

温度传感器指能感受温度并将它转换成可用输出信号的传感器。温度传感器是温度测量仪表的核心部分，品种繁多，按测量方式可分为接触式和非接触式两大类，按照传感器材料及电子元件特性分为热电阻和热电偶两类。图 8-4 所示是热敏电阻。

图 8-4　热敏电阻

五、操作指导

1. 搭建主体

（1）将主板固定在底座上。将 4 颗 M3×10mm 螺丝钉对齐主板外围 4 个孔和主板底座的 4 个孔（留两边 7 个孔），用螺母拧紧（对齐主板底座的孔位），如图 8-5 所示。

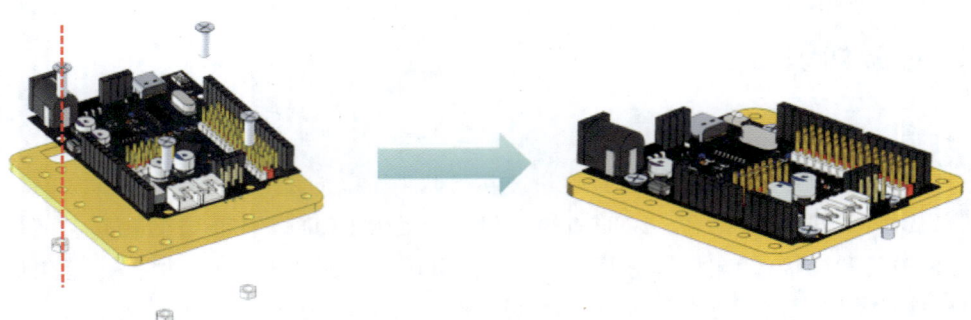

图 8-5　将主板固定在底座上

(2) 安装扩展板。将扩展板沿对应方向安装在主板上，如图 8-6 所示。

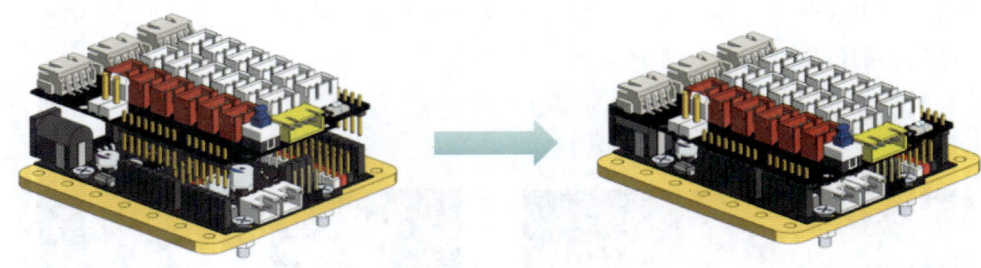

图 8-6　安装扩展板

(3) 安装螺丝钉和铜柱。先将底部的 4 颗 M3×10mm 螺丝钉从下往上穿过 12 孔大底板安装在 A1、A7、G1、G7 孔中，然后将 4 颗 M3×15mm 铜柱分别对应拧紧，如图 8-7 所示。

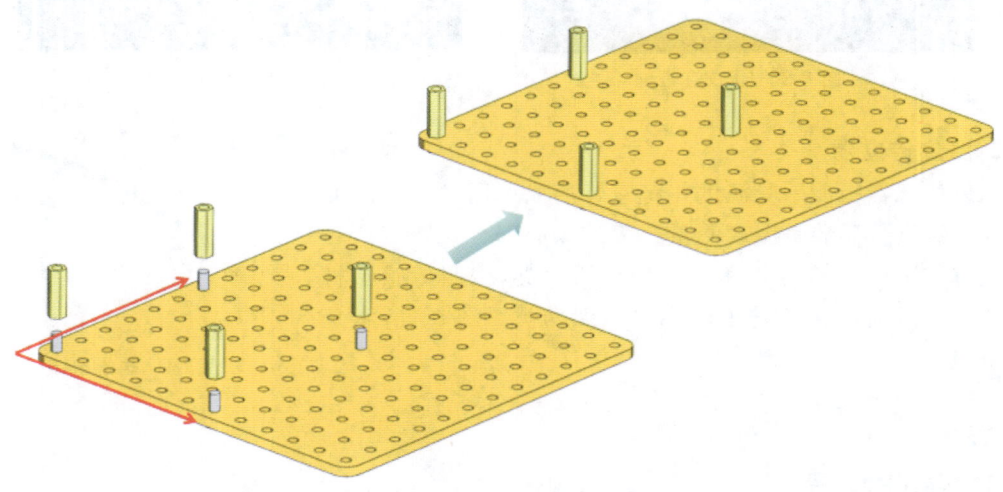

图 8-7　安装螺丝钉和铜柱

(4) 主板就位。将刚做好的主板对齐 4 颗铜柱，然后用 M3×10mm 螺丝钉从主板底座 4 个角的孔位往下和铜柱拧紧(3 个 4pin 线插口朝外)，如图 8-8 所示。

项目八 制作温度显色器

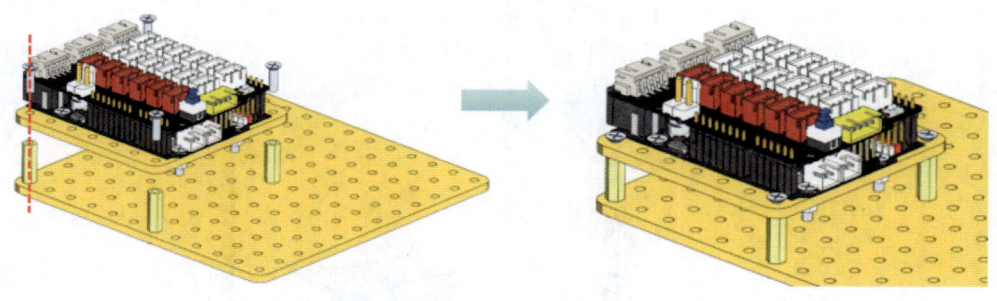

图 8-8 主板就位

（5）搭建灯带架。先将 90°接件 2 个孔位插进 3×12 长方形底板中间排孔从下往上的第 2 和第 4 个孔中（90°接件另一个口朝下），然后将 M3 螺母塞进横向的开口卡位处，再用 M3×16mm 螺丝钉从外往里穿过 3×12 长方形底板中间排孔从下往上的第 3 个孔中，并与固定在 90°接件处的 M3 螺母拧紧，如图 8-9 所示。

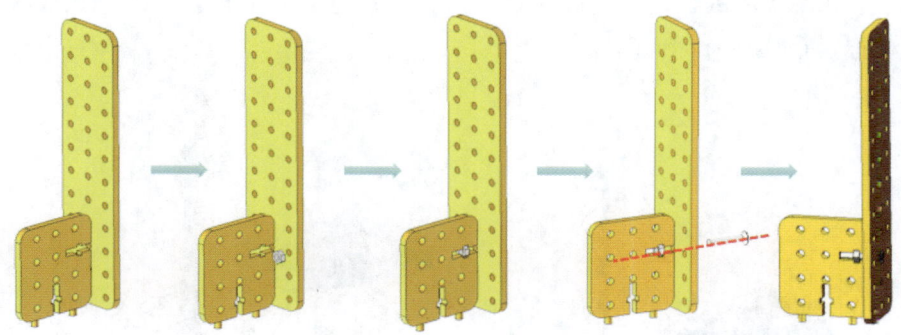

图 8-9 搭建灯带架

（6）安装 RGB 灯带。先将 RGB 灯带分为 3 颗灯和 7 颗灯，将 7 颗灯放置在 3×12 长方形底板背面空白处。再在 3×12 长方形底板从上往下第 2 排前后分别夹上 2 孔条，然后将 M3×16mm 螺丝钉从前面穿过最左边孔的三层板，用 M3 螺母从后面与螺丝钉拧紧。接着在长方形底板最下一排的前面夹上 2 孔条，将 M3×10mm 螺丝钉从前面穿过最左边孔的二层板，最后用 M3 螺母从后面与螺丝钉拧紧，如图 8-10 所示。

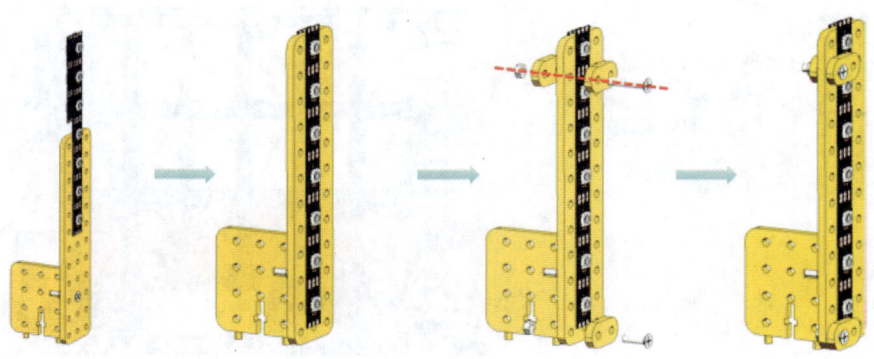

图 8-10 安装 RGB 灯带

(7)安装灯带架。将刚做好的 RGB 灯带架安装在 12 孔大底板的 I3、K3 孔上（RGB 灯带架刚好与 12 孔大底板的边缘对齐，RGB 灯带朝外），然后把 M3 螺母塞进 90°接件的竖向卡位处，如图 8-11 所示。

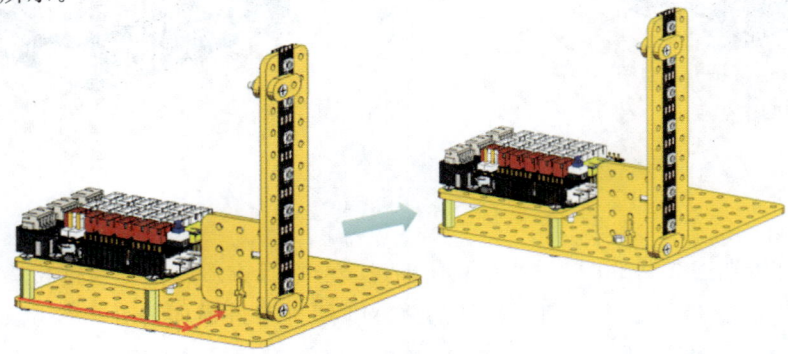

图 8-11　安装灯带架

(8)安装 M3×16mm 螺丝钉。将 M3×16mm 螺丝钉从下往上穿过 12 孔大底板的 J3 孔，与 M3 螺母拧紧，如图 8-12 所示。

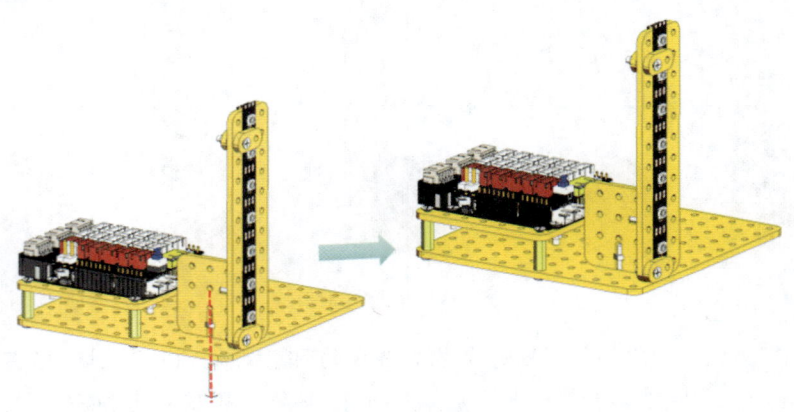

图 8-12　安装 M3×16mm 螺丝钉

(9)连接 RGB 灯条。将安装好并且接好 3pin 线的 RGB 灯带插在 D7 号端口，如图 8-13 所示。

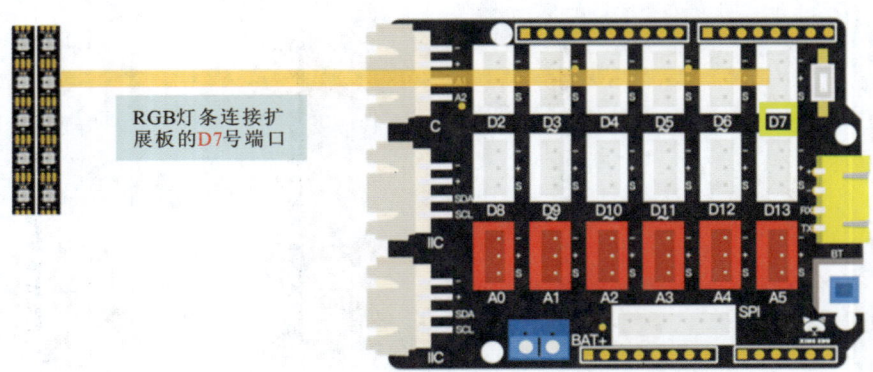

图 8-13　连接 RGB 灯带

项目八　制作温度显色器

(10) 连接温度传感器。先将温度传感器接好 3pin 线,然后插在 A0 号端口,再装上板,如图 8-14 所示。

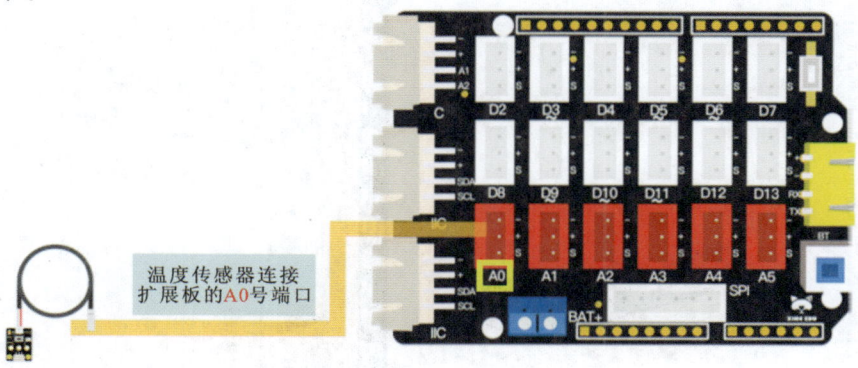

图 8-14　连接温度传感器

(11) 安装温度传感器探头。先将 2 颗 M3×10mm 螺丝钉穿过转接板插口两边的孔,穿过 12 孔底板的 B9、B11 孔,从下往上把 M3 螺母与螺丝钉拧紧。再将 2 颗 M3×16mm 螺丝钉穿过 12 孔大底板的 I10、I11 孔,将 2 块孔片从上往下穿过螺丝钉。然后将温度传感器探头插好,最后将线卡在 2 个孔片中间,如图 8-15 所示。

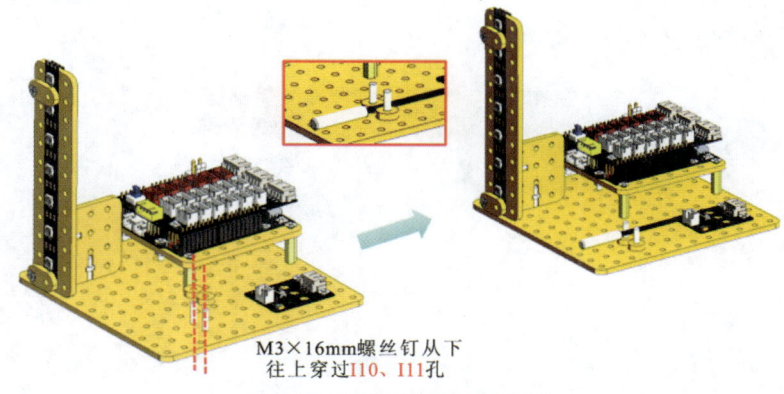

图 8-15　安装温度传感器探头

(12) 安装孔条。卡好线后,将 2 孔片从上往下穿过 2 颗螺丝钉并卡紧,然后取 2 颗 M3 螺母,将其与螺丝钉拧紧,如图 8-16 所示。

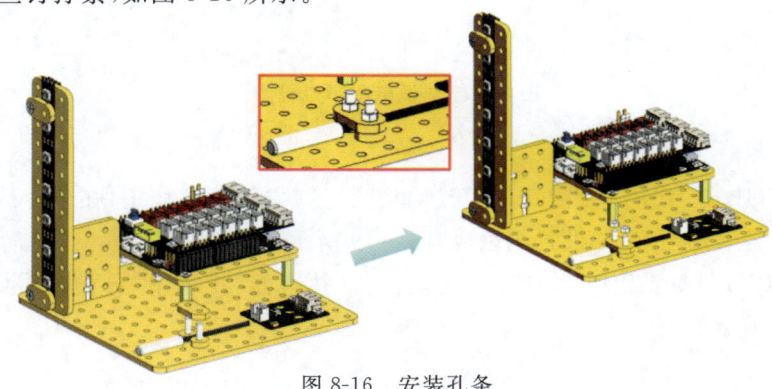

图 8-16　安装孔条

— 77 —

(13)温度显色器主体搭建完成,如图 8-17 所示。

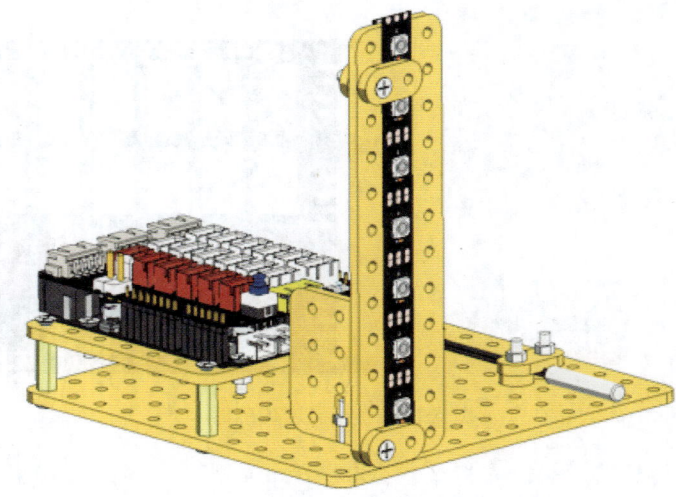

图 8-17　温度显色器主体图

2. 编制程序

1)热敏电阻串口检测

温度越高,热值越小,如图 8-18 所示。

图 8-18　热敏电阻串口检测

2)点亮单颗灯

(1)认识"RGB 灯"代码块:"RGB 灯"代码块位于"执行器"模块中,在其中选择连接 RGB 灯带的管脚,点亮第几颗灯,并设置颜色,如图 8-19 所示。

(2)认识"RGB 灯灯数"代码块:该代码块位于"执行器"模块中,可设置需要点亮的灯的数目,如图 8-20 所示。

项目八 制作温度显色器

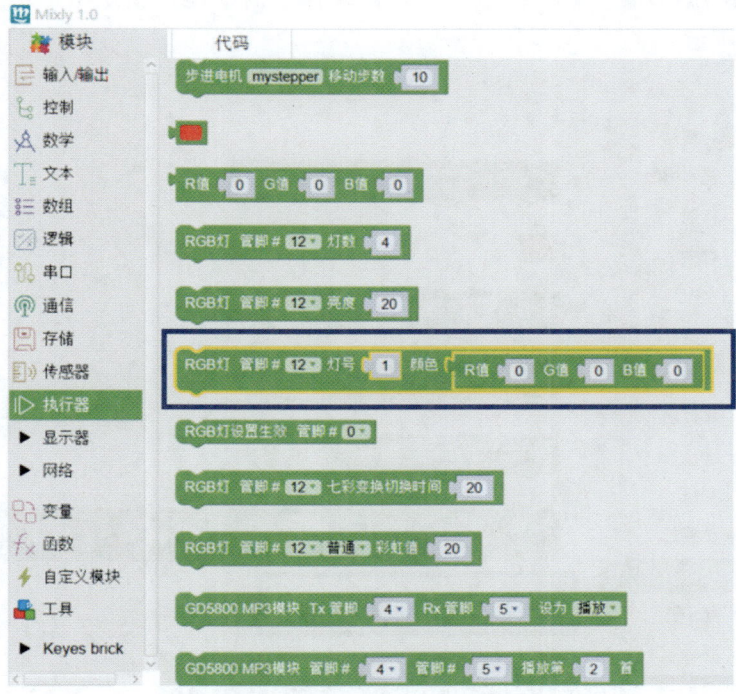

图 8-19 "RGB 灯"代码块

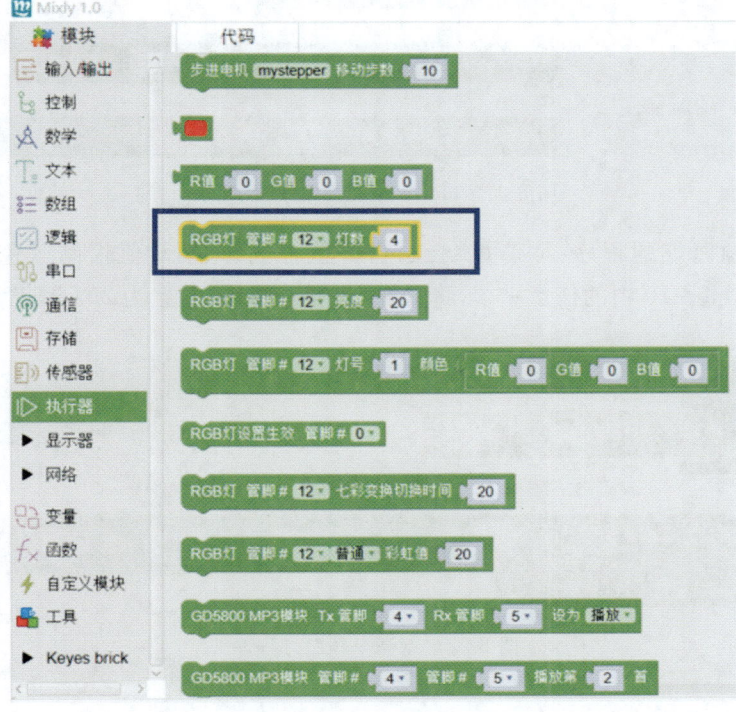

图 8-20 "RGB 灯灯数"代码块

(3)认识"RGB 灯设置生效"代码块:该代码块位于"执行器"模块中,需要设置生效灯才会亮,如图 8-21 所示。

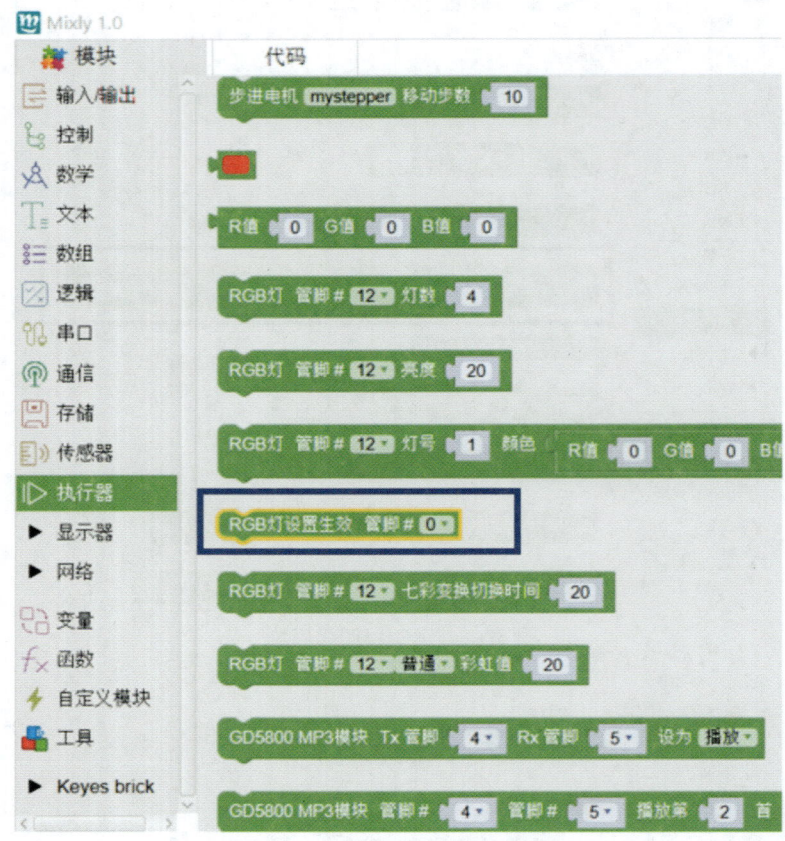

图 8-21 "RGB 灯设置生效"代码块

(4)点亮一颗白灯的程序:R 值控制红色,G 值控制绿色,B 值控制蓝色。数值范围为 0～255,点亮灯号 1～10 中的任意 1 个,将 R 值、G 值、B 值都设置为 255,则为白光,如图 8-22 所示。

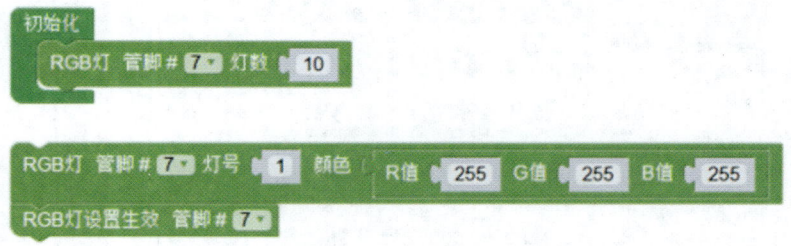

图 8-22 点亮一颗白灯程序

（5）设置灯的亮度："RGB 灯亮度"代码块位于"执行器"模块中，可以设置灯的亮度，如图 8-23 所示。

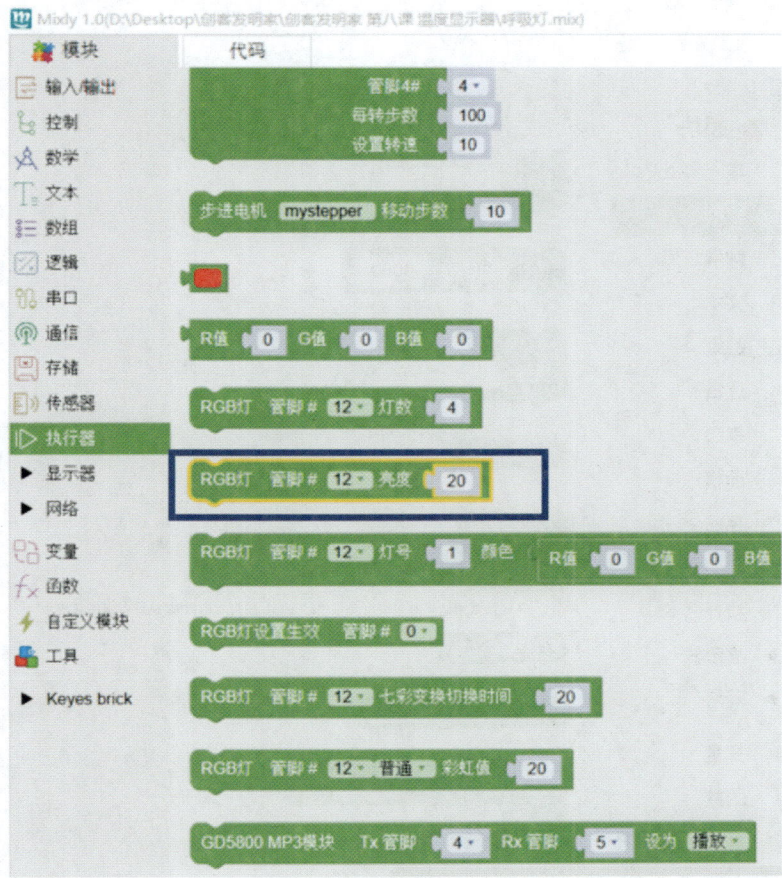

图 8-23　设置灯的亮度

（6）点亮一颗紫色灯的程序：点亮灯号 1～10 中的任意 1 个，随意设置灯的亮度，并设置 RGB 值：R 值为 180，G 值为 0，B 值为 255，如图 8-24 所示。

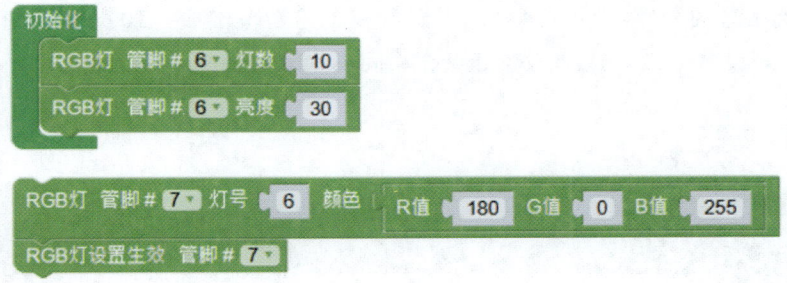

图 8-24　点亮紫色灯的程序

3)七彩流水灯

(1)认识"步长"代码块:"步长"代码块位于"控制"模块中,可按指定的间隔,执行指定的代码块,如图8-25所示。

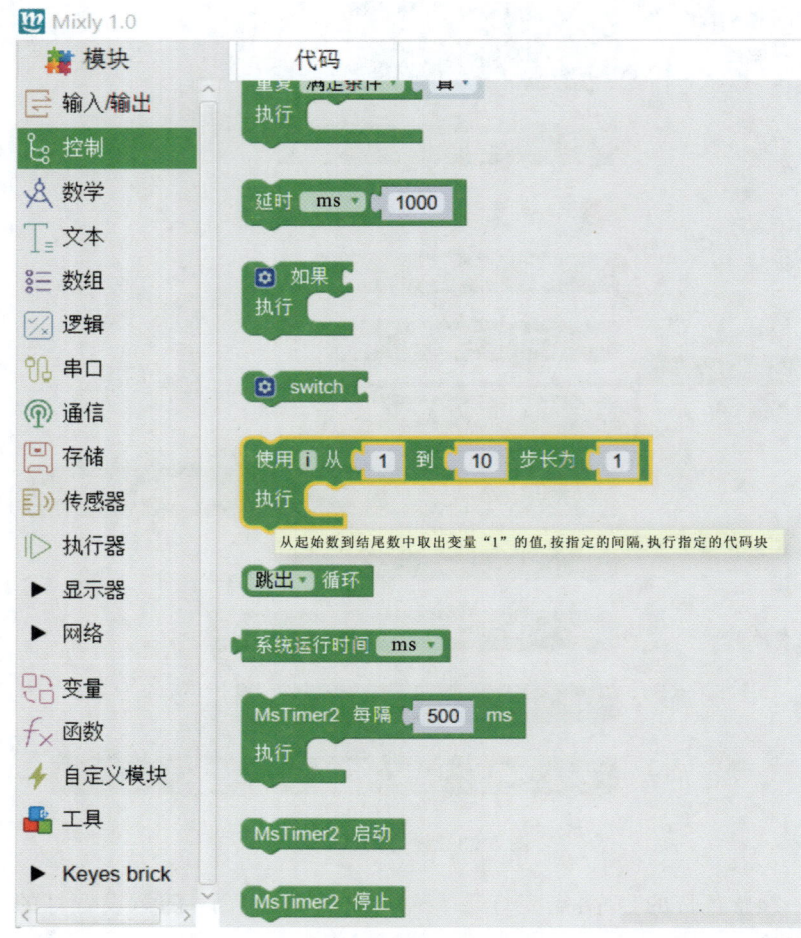

图8-25 "步长"代码块

(2)七彩流水灯的程序:设置灯数为10,设置灯的号数范围(1~10)步长为1,逐渐变化随机颜色。RGB灯设置生效后选择每颗灯点亮相间隔50ms,如图8-26所示。

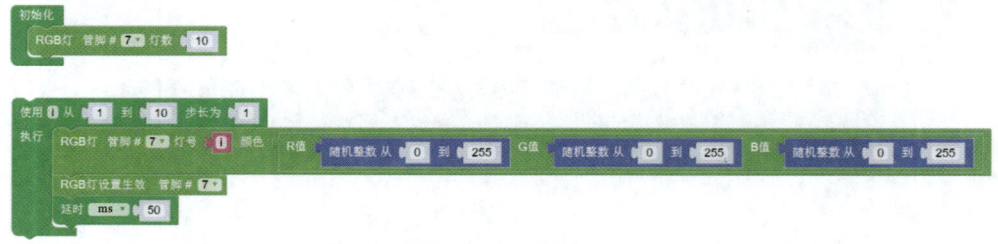

图8-26 七彩流水灯的程序

4) 温度显色器

(1) 认识"且"代码块:"且"代码块位于"逻辑"模块中,如果 2 个输入结果都为真,则返回真,如图 8-27 所示。

(2) 认识"颜色"代码块:位于"执行器"模块中,可以直接选择想要的灯光颜色,如图 8-28 所示。

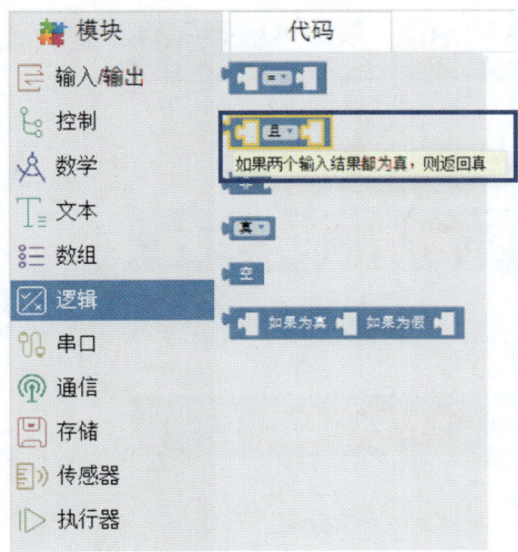 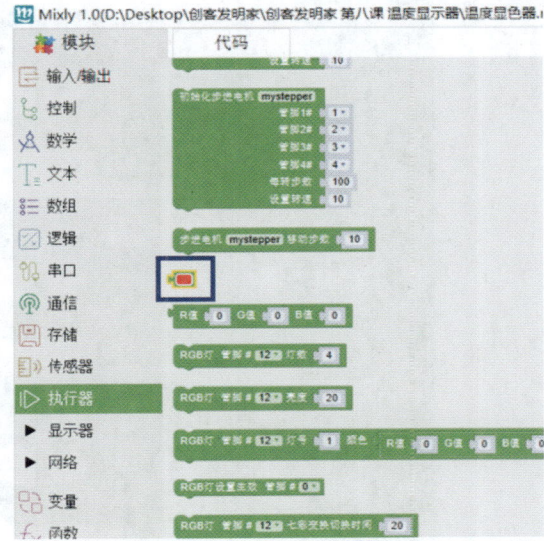

图 8-27 "且"代码块　　　　　　　图 8-28 "颜色"代码块

(3) 了解温度显色表:判断热值大小,将 100 到 600 之间的热值,以 100 为区间,按由低至高的顺序分别显示红色、橙色、黄色、绿色、蓝色,如图 8-29 所示。

温度低于30℃:蓝色
温度为30～38℃:绿色
温度为39～45℃:黄色
温度为46～54℃:橙色
温度高于54℃:红色

图 8-29 温度显色表

（4）编写温度显色器的程序：采用"如果"代码块的判断条件，依据步长的脚本指令，可获得随温度变换颜色的 LED 灯，如图 8-30 所示。

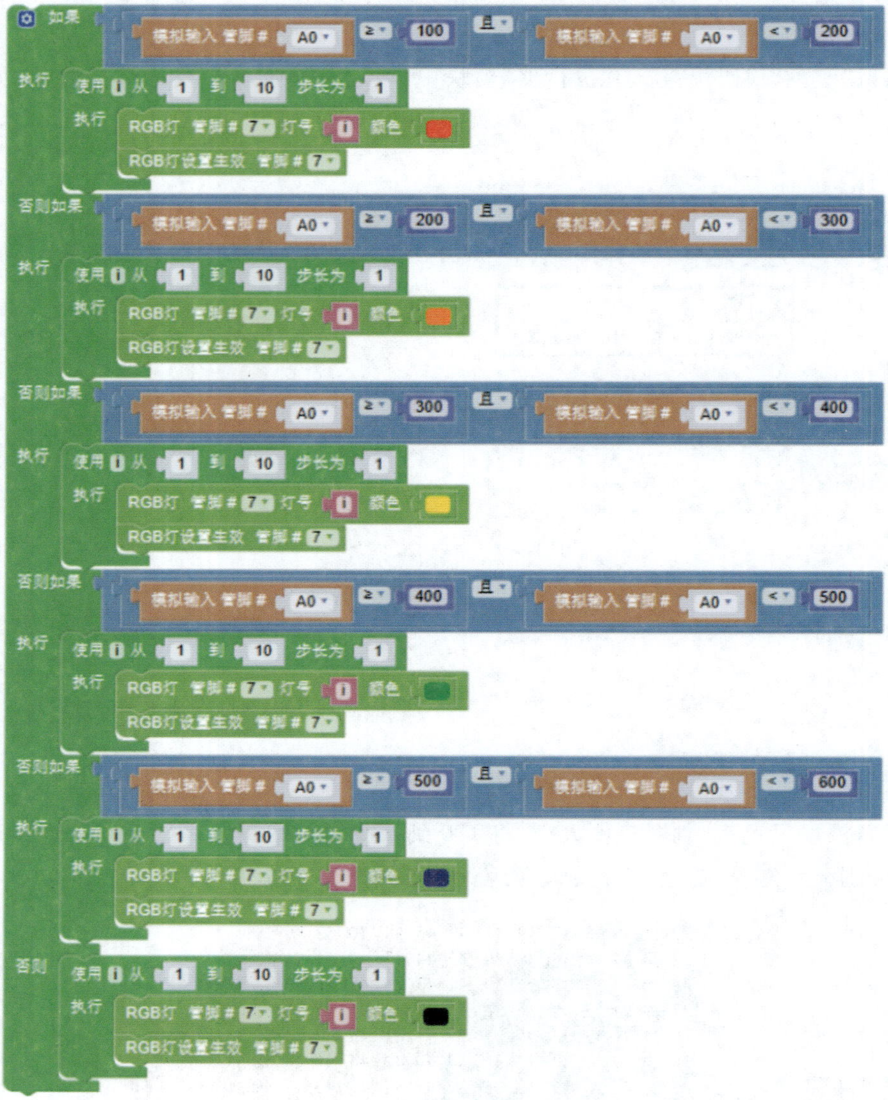

图 8-30　温度显色器的程序

六、项目评价

项目考核及评分标准见表 8-2。

表 8-2 项目评价表

班级		同组人	
姓名		工时	
日期		得分	

序号	考核项目	配分	评分标准	扣分	备注
1	主体搭建情况	35	①不能正确搭建木板、使用螺母,扣15分 ②不能正确连接功能模块,扣15分 ③不按规范使用工具,扣5分		
2	项目完成情况	45	①不会使用"RGB灯""RGB灯灯数""RGB灯设置生效""RGB灯亮度"代码块,扣10分 ②不会设置RGB值和使用"步长"代码块,扣10分 ③未能正确编写温度显色器程序,扣10分 ④不会保存程序并退出,扣5分 ⑤下课未能及时上交完整作业,扣10分		
3	上课状态	20	①上课玩手机、睡觉,扣10分 ②上课随意离开教室,扣5分 ③上课结束不整理座位,扣5分		

七、拓展创新

(1)制作一个呼吸变色灯,搭建主体。将安装好并且接好3pin线的RGB灯带插在D7号端口,拆下温度传感器,如图8-31所示。

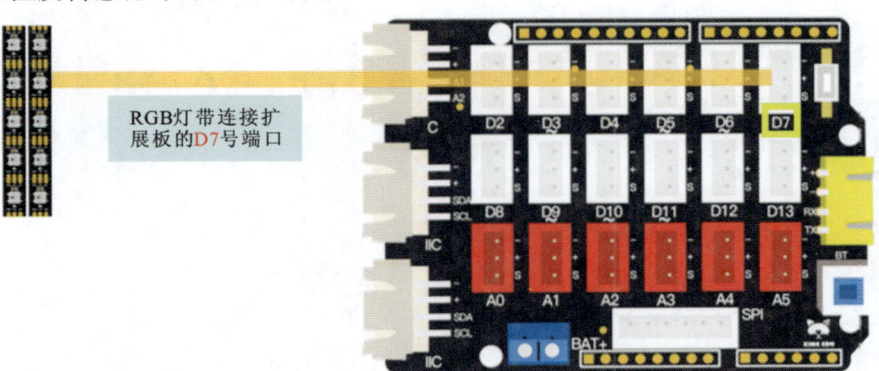

图 8-31 呼吸变色灯主体搭建

（2）呼吸灯的程序：将亮度作为变量，数值范围为 0～255，步长设为 5，即从 0 开始，每次亮度增加 5，延时 50ms；将灯号 1～10 步长设为 1，即从 1 号灯开始，灯逐个亮。RGB 灯管脚 7 生效白色的呼吸灯。后半段则是 255～0 之间每次减少 5，这样一来一回就形成了呼吸的效果，如图 8-32 所示。

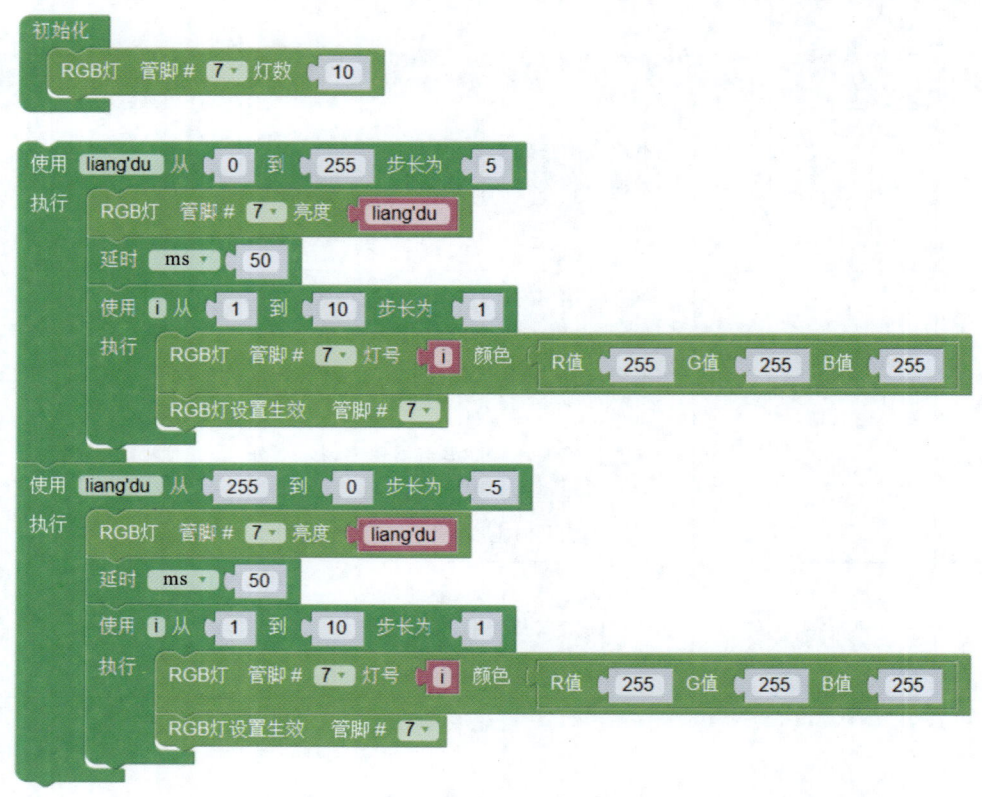

图 8-32　呼吸灯程序

项目九　制作声控灯

一、项目目标

(1) 了解声控灯的含义,掌握制作声控灯的方法,能正确搭建主体。
(2) 能正确连接声音传感器,并编写脚本检测声音传感器。
(3) 理解如何通过程序实现声控灯的开关。

二、项目任务

1. 任务描述

本项目将制作一个声控灯。这里的声控灯是一种声控电子照明装置,通过声音实现灯的开关功能。在这个实例里我们将探讨如何运用 Mixly 程序完成任务。

2. 任务流程图

本项目的任务流程如图 9-1 所示。

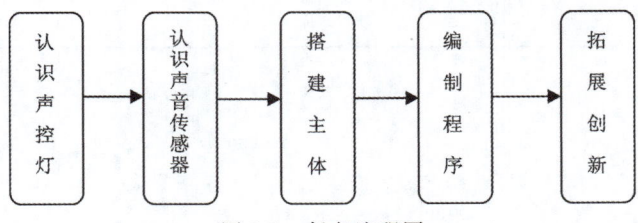

图 9-1　任务流程图

三、功能模块

学习本项目需要的材料和命令组见表 9-1。

表 9-1 材料及命令组

类型	名称	作用
功能模块	声音传感器 1个　光敏电阻 1个　黄色LED灯 1个　主板 1块　扩展板 1块	声音传感器：控制 LED 灯开关； 光敏电阻：感应光的亮度； 主板、扩展板：提供电源，将不同功能模块连接在一起传递信息
木板	18孔大底板 1块　主板底座 1块　3×12长方形底板 2块　竖接件 1块　90°接件 2块	固定各功能模块
五金件	M3×10mm螺丝钉 18颗　M3×16mm螺丝钉 6颗　M3螺母 16颗　M3×15mm铜柱 4颗	固定连接底板和连接件
命令组		声音传感器串口检测
		"如果"代码块：表示在一个逻辑关系里，如果 A，执行 B，否则 C

四、背景知识

1. 关于声控灯

声控灯（图 9-2），是一种声控电子照明装置，由音频放大器、选频电路、延时开启电路和可控硅电路组成。声控灯操作简便、灵活，抗干扰能力强，控制灵敏，人嘴发出约 1s 的控制信号声，即可方便及时地打开或关闭声控灯。声控灯还有防误触发的自动延时关闭功能，部分设有手动开关，使其应用更加方便。

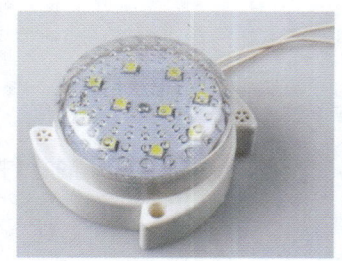

图 9-2　声控灯

关于声控灯有一种有趣的现象,那就是在白天,不管你发出多大的声音,灯都不亮;但在黑夜,轻轻一声它就亮了。原来声控灯中有光控电路,使其在光线充足的时候不工作,所以声控灯的控制盒实际上是由声、光同时控制的,在光亮度达标的情况下,灯不会亮。

2. 关于声音传感器

声音传感器(图 9-3)的作用相当于一个话筒(麦克风)。它用来接收声波,显示声音的振动图像,但不能对噪声的强度进行测量。该传感器内置一个对声音敏感的电容式驻极体话筒。声波使话筒内的驻极体薄膜振动,导致电容的变化,而产生与之对应的微小电压。

图 9-3 声音传感器

五、操作指导

1. 搭建主体

(1)将主板固定在底座上。将 4 颗 M3×10mm 螺丝钉对齐主板外围 4 个孔和主板底座的 4 个孔(留两边 7 个孔),用螺母拧紧(对齐主板底座的孔位),如图 9-4 所示。

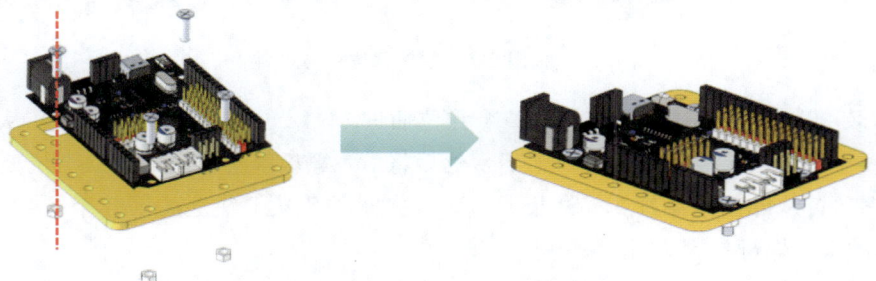

图 9-4 将主板固定在底座上

(2)安装扩展板。将扩展板沿对应方向安装在主板上,如图 9-5 所示。

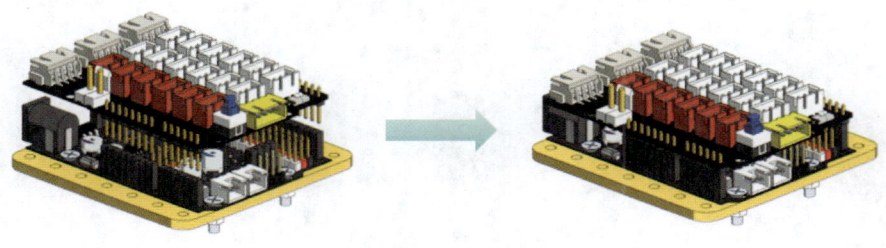

图 9-5 安装扩展板

(3)先将底部的 4 颗 M3×10mm 螺丝钉从下往上穿过 18 孔大底板安装在 A1、A7、G1、G7 孔中,然后将 4 颗 M3×15mm 铜柱分别对应拧紧,如图 9-6 所示。

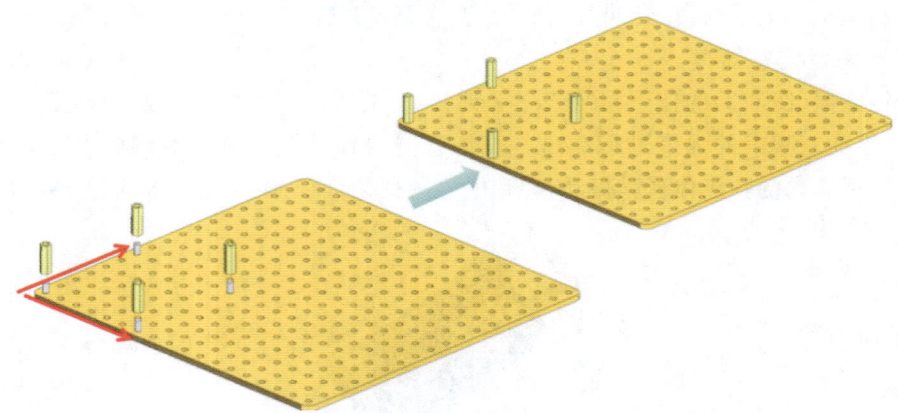

图 9-6　安装螺丝钉和铜柱

(4)主板就位。将刚做好的主板对齐 4 颗铜柱,然后用 M3×10mm 螺丝钉从主板底座 4 个角的孔位往下和铜柱拧紧(3 个 4pin 线插口朝外),如图 9-7 所示。

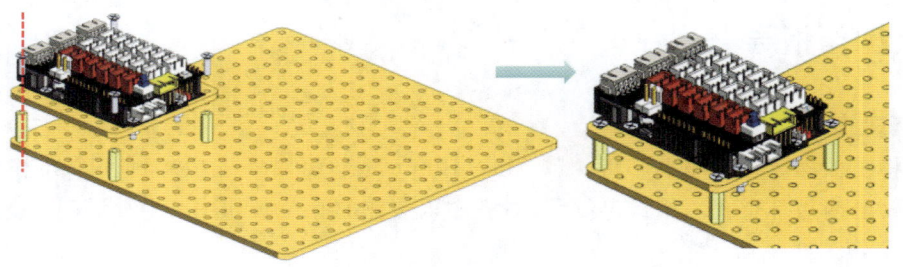

图 9-7　主板就位

(5)组装 90°接件。先将 90°接件的 2 个孔位插进 3×12 长方形底板中间排孔从下往上的第 2 和第 4 个孔中(90°接件另一个口朝下),然后将 M3 螺母塞进横向的开口卡位处,再用 M3×16mm 螺丝钉从外往里穿过 3×12 长方形底板中间排孔从下往上的第 3 个孔,并与固定在 90°接件处的 M3 螺母拧紧,如图 9-8 所示。

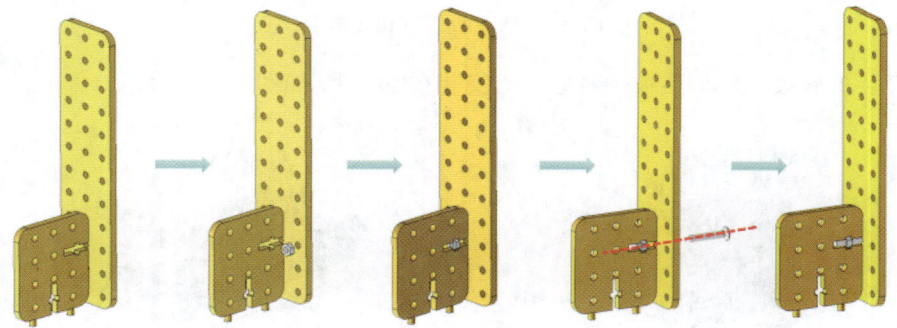

图 9-8　组装 90°接件

（6）安装90°接件。将刚做好的一个门框插进18孔大底板，3×12长方形底板方向，如图9-9所示。

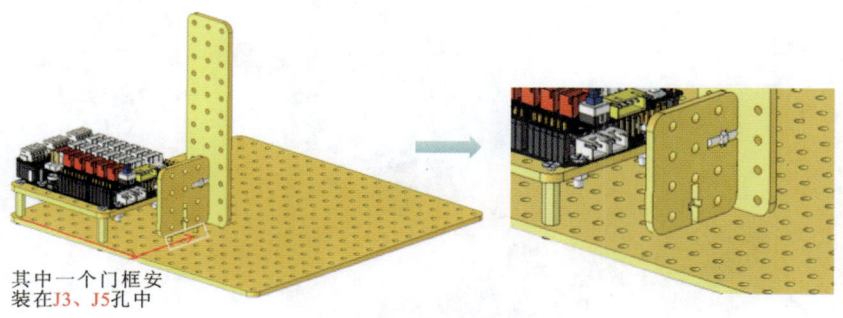

图9-9 安装90°接件

（7）安装M3螺母。先将M3螺母塞进90°接件朝下的卡位处，再将M3×16mm螺丝钉从下往上穿过18孔大底板的J4孔，并与固定在90°接件处朝下的M3螺母拧紧，如图9-10所示。

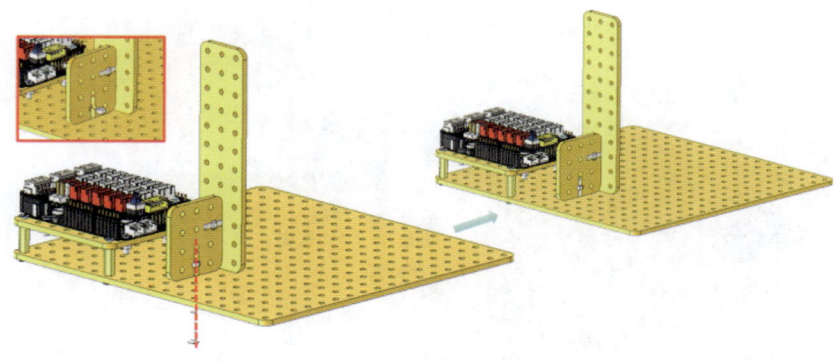

图9-10 安装M3螺母

（8）安装竖接件。把竖接件从右边插进3×12长方形底板的第1排孔里，如图9-11所示。

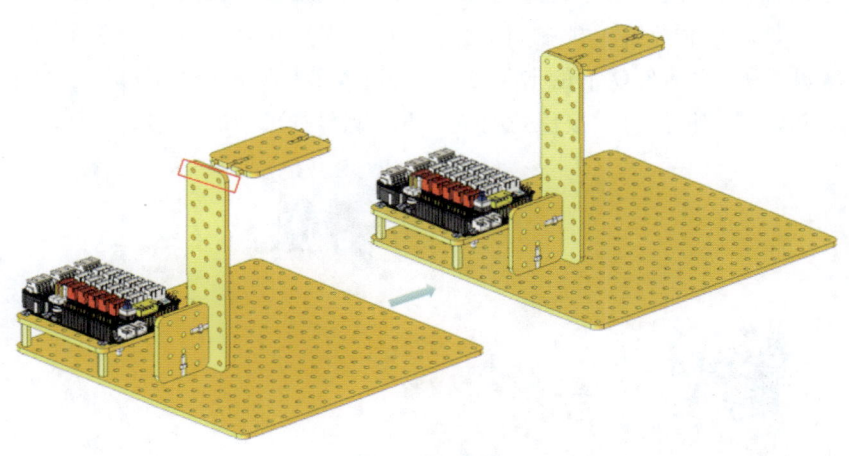

图9-11 安装竖接件

(9)拧紧竖接件。先将 M3 螺母塞进竖接件左边的卡位处,再用 M3×16mm 螺丝钉从左往右穿过 3×12 长方形底板第 1 排中间的孔里,并与固定在竖接件处朝左的 M3 螺母拧紧,如图 9-12 所示。

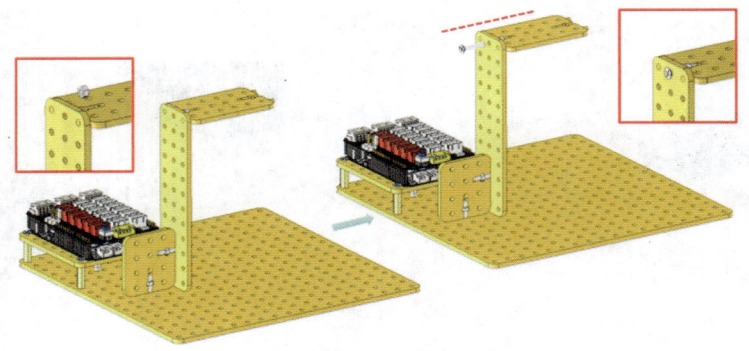

图 9-12　拧紧竖接件

(10)安装门框。将做好的另一个门框插进与第 1 个门框相隔 6 排孔的位置上(两块对着),然后把 3×12 长方形底板从上往下的第 1 排孔插进右边的竖接件,如图 9-13 所示。

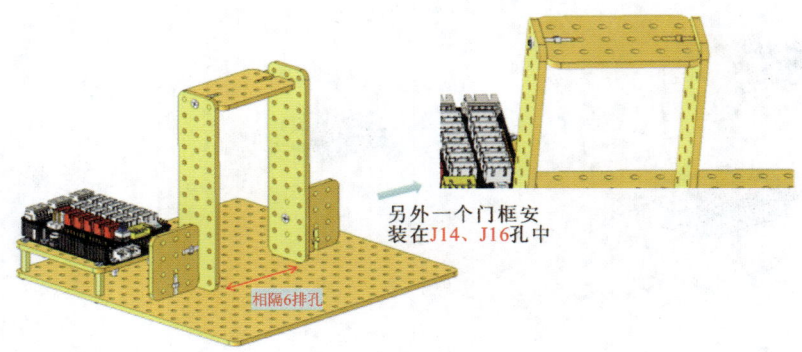

图 9-13　安装门框

(11)拧紧门框。先将 M3 螺母塞进竖接件右边的卡位处,再用 M3×16mm 螺丝钉从右往左穿过 3×12 长方形底板第 1 排中间的孔里,并与固定在竖接件处朝右的 M3 螺母拧紧。然后将 M3 螺母塞进 90°接件朝下的卡位处,最后用 M3×16mm 螺丝钉从下往上穿过 18 孔大底板的 J15 孔,并与固定在 90°接件处朝下的 M3 螺母拧紧,如图 9-14 所示。

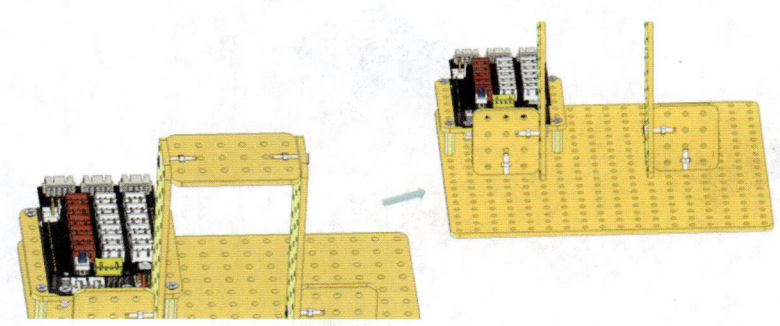

图 9-14　拧紧门框

(12)连接声音传感器。先将声音传感器接好 3pin 线,然后插上 D7 号端口,再装上板,如图 9-15 所示。

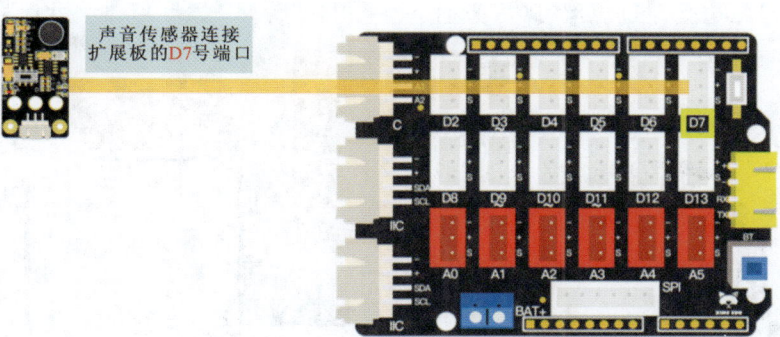

图 9-15　连接声音传感器

(13)固定声音传感器。从 2 颗 M3×10mm 螺丝钉穿过声音传感器插口两边的孔(插口朝上),再穿过左边那块 3×12 长方形底板从上往下的第 3 排孔,用 2 颗 M3 螺母从右边与螺丝钉拧紧,如图 9-16 所示。

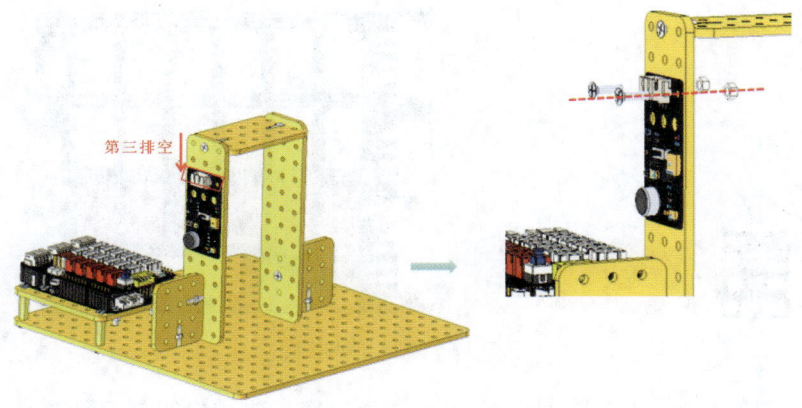

图 9-16　固定声音传感器

(14)连接黄色 LED 灯。先将黄色 LED 灯接好 3pin 线,然后插上 D8 号端口,再装上板,如图 9-17 所示。

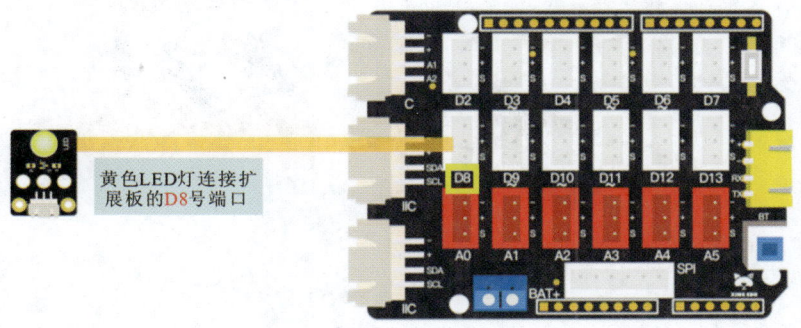

图 9-17　连接黄色 LED 灯

(15)固定黄色 LED 灯。先将 2 颗 M3×10mm 螺丝钉穿过竖接件(靠近主板那边)第 1 排孔的从左往右第 2 和第 4 个孔或者第 3 和第 5 个孔中(俯视角度)。将 LED 灯按图 9-18 摆放,LED 灯插口两边孔穿过螺丝钉(灯头朝下),再用 2 颗 M3 螺母与螺丝钉拧紧。

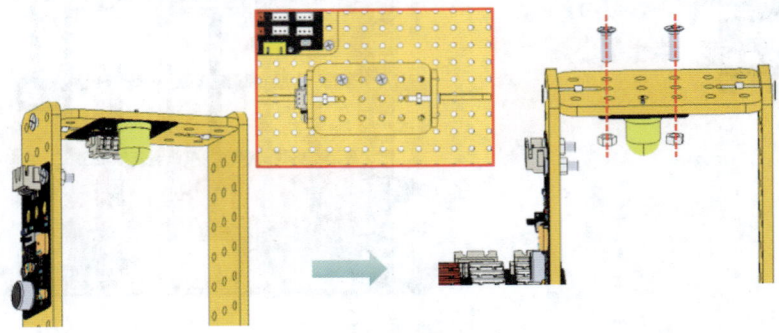

图 9-18　固定黄色 LED 灯

(16)连接光敏电阻。先将光敏电阻接好 3pin 线,然后插上 A0 号端口,再装上板,如图 9-19 所示。

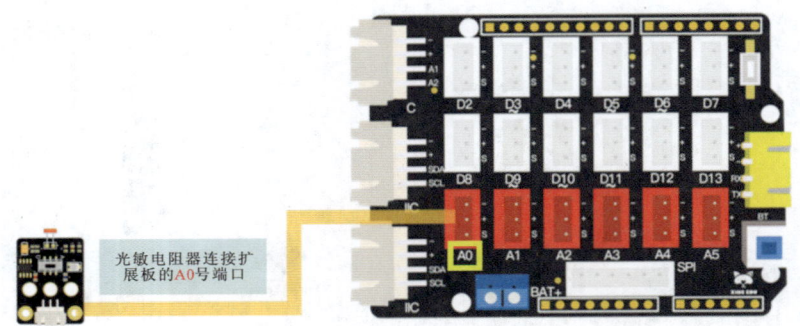

图 9-19　连接光敏电阻

(17)固定光敏电阻。从 2 颗 M3×10mm 螺丝钉穿过光敏电阻插口两边的孔(光敏头朝上),再穿过右边那块 3×12 长方形底板从上往下第 6 排孔,用 2 颗 M3 螺母从左边与螺丝钉拧紧,如图 9-20 所示。

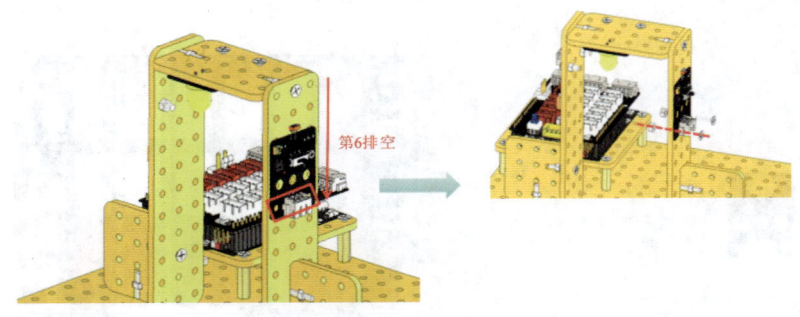

图 9-20　固定光敏电阻

2. 编制程序

下面将编制 2 个声控灯的程序,即声控开关灯和声控楼道灯。

1)声音传感器串口检测如图 9-21 所示。

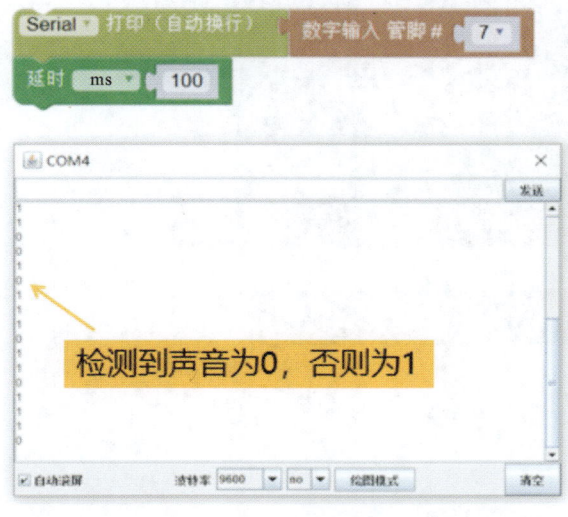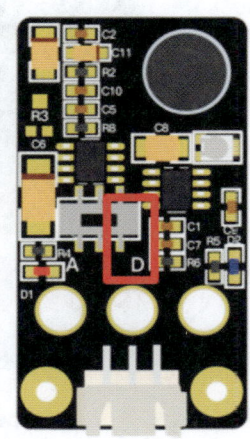

图 9-21 声音传感器检测

2)声控开关灯的程序

使用"如果"代码块,按图 9-22 编制程序:当管脚 7 数字输入等于 0,表示检测到声音,数字输出为"高",此时灯亮并且延时 1s;否则数字输出为"低",那么就没有发生改变。

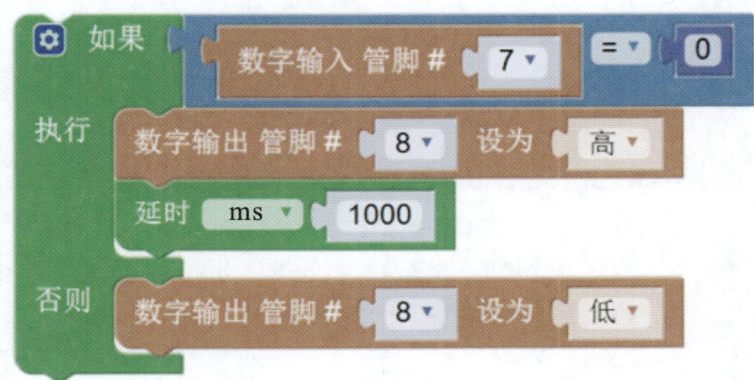

图 9-22 声控开关灯的程序

3)声控楼道灯的程序

当模拟输入管脚 A0 检测的数值大于 700 时,执行接下来的脚本(如果数字输入管脚 7 等于 0 那么就会亮灯,在 2000ms 的延时后关闭),而 A0 检测的数值等于或者小于 700 时,管脚 8 就处于输出为低的状态,灯不亮,如图 9-23 所示。

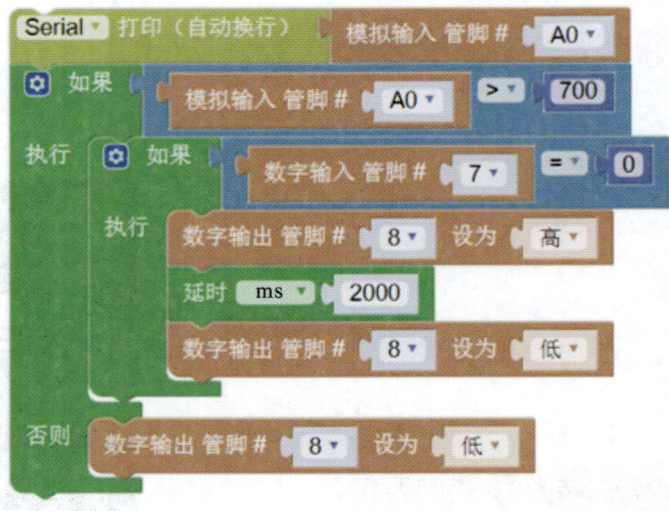

图 9-23　声控楼道灯的程序

六、项目评价

项目考核及评分标准见表 9-2。

表 9-2　项目评价表

班级		同组人	
姓名		工时	
日期		得分	

序号	考核项目	配分	评分标准	扣分	备注
1	主体搭建情况	35	①不能正确搭建木板、使用螺母,扣15分 ②不能正确连接功能模块,扣15分 ③不按规范使用工具,扣5分		
2	项目完成情况	45	①不会使用"如果"代码块,扣10分 ②未能正确编写声控开关灯的程序,扣10分 ③未能正确编写声控楼道灯的程序,扣10分 ④不会保存程序并退出,扣5分 ⑤下课未能及时上交完整作业,扣10分		
3	上课状态	20	①上课玩手机、睡觉,扣10分 ②上课随意离开教室,扣5分 ③上课结束不整理座位,扣5分		

七、拓展创新

(1)制作一个深夜校园安保器,搭建主体。

将黄色 LED 灯连接扩展板 D8 号端口,光敏电阻连接 A0 号端口,声音传感器连接 D7 号端口,无源蜂鸣器连接 D9 号端口,如图 9-24 所示。

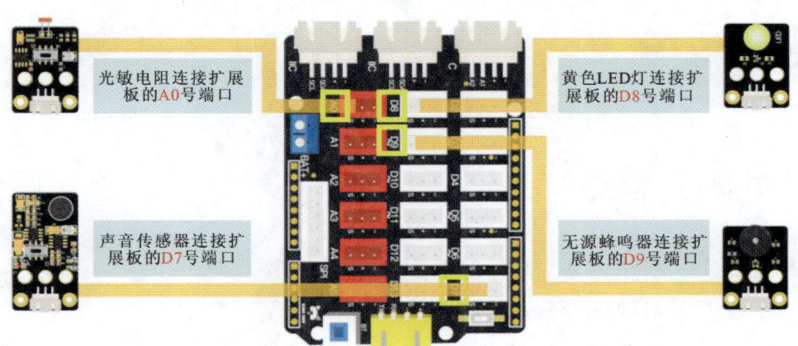

图 9-24　深夜校园安保器主体搭建

(2)编制深夜校园安保器的程序(图 9-25):当模拟输入大于 700 的时候就进入程序,数字输入管脚 7 等于 0,使用"步长"代码块,将步长设为 1,开始执行播放声音与亮灯的程序,执行完就结束,再作循环。

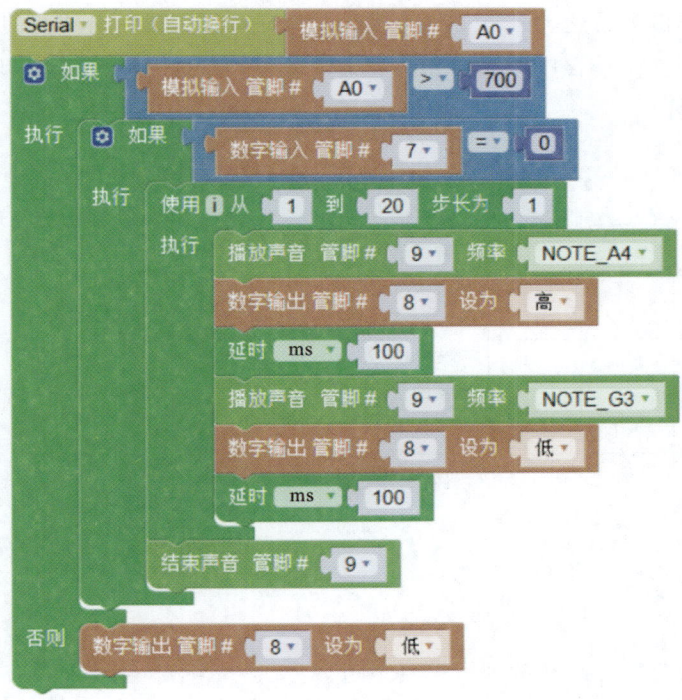

图 9-25　深夜校园安保器的程序

项目十　制作倒车雷达

一、项目目标

(1) 掌握倒车雷达的制作方法,能搭建主体和编写程序。
(2) 能通过编写脚本利用无源蜂鸣器实现蜂鸣功能。
(3) 理解通过程序让无源蜂鸣器播放声音和结束声音。

二、项目任务

1. 任务描述

本项目将制作倒车雷达。倒车雷达是通过无源蜂鸣器实现蜂鸣功能的,在这个实例里我们将探讨如何运用 Mixly 程序完成任务。

2. 任务流程图

任务流程见图 10-1。

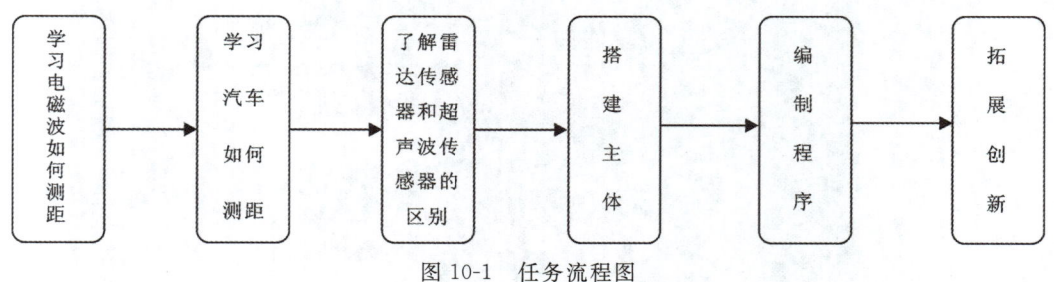

图 10-1　任务流程图

三、功能模块

学习本项目需要的材料和命令组见表 10-1。

表 10-1 材料及命令组

类型	名称				作用
功能模块	超声波模块 1个	无源蜂鸣器 1个	主板 1块	扩展板 1块	超声波模块：发射超声波检测距离； 无源蜂鸣器：根据条件发出蜂鸣； 主板、扩展板：提供电源，将不同功能模块连接在一起传递信息
木板	12孔大底板 1块		主板底座 1块		固定各功能模块
五金件	M3×10mm螺丝钉 16颗	M3螺母 8颗	M3×15mm铜柱 4颗		固定连接底板和连接件
命令组	超声波测距(cm) Trig# 2 Echo# 4				"超声波"代码块：检测距离
	Serial 打印（自动换行） 超声波测距(cm) Trig# A1 Echo# A2 延时 ms 100				超声波串口检测

四、背景知识

1. 电磁波测距

飞行在高空中的飞机（图 10-2）主要利用雷达测距。雷达（图 10-3）是通过发射电磁波探测目标的电子设备。雷达发射电磁波对目标进行探测并接收其回波，由此获得目标至电磁波发射点的距离、距离变化率（径向速度）、方向、高度等信息。但是雷达传感器价格较高，仅在军事、测绘、交通领域应用较多，工业和民用多采用价格较低的超声波传感器，如目前应用普遍的汽车倒车雷达多采用超声波传感器。

图 10-2 飞机

图 10-3 雷达

雷达的分类：①按雷达信号形式分为脉冲雷达、连续波雷达、脉部压缩雷达和频率捷变雷达等；②按照角跟踪方式分为单脉冲雷达、圆锥扫描雷达和隐蔽圆锥扫描雷达等；③按雷达频段分为超视距雷达、微波雷达、毫米波雷达以及激光雷达等。

2. 汽车如何测距

汽车可以依据安装在车身上的倒车雷达发出的超声波进行测距。

(1) 认识倒车雷达。

倒车雷达(图 10-4)，全称叫倒车防撞雷达，也叫泊车辅助装置，是汽车泊车或者倒车时的

 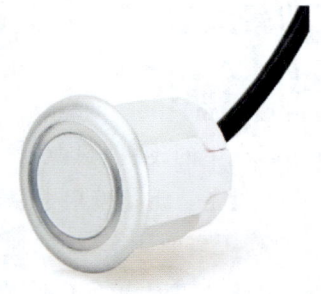

图 10-4 倒车雷达及倒车雷达探头

安全辅助装置,由超声波传感器(俗称探头)、控制器和显示器(或蜂鸣器)等部分组成。倒车雷达采用超声波进行测距。

倒车雷达的作用:解除了驾驶员泊车、倒车和起动车辆时前后左右探视所引起的困扰,并帮助驾驶员扫除了视野死角和视线模糊的缺陷,提高驾驶的安全性。

(2)认识超声波。

超声波是一种频率高于 20 000 Hz 的声波,它的方向性好,反射能力强,易于获得较集中的声能,在水中传播距离比空气中远。科学家们将每秒钟振动的次数称为声音的频率,它的单位是 Hz。我们人类耳朵能听到的声波频率为 20～20 000 Hz,而超声波则是超过人类听觉上限的声波。通常用于医学诊断的超声波频率为 1～30 MHz。

超声波传感器的发送端可以发出超声波,接收端则负责接收超声波(图 10-5)。

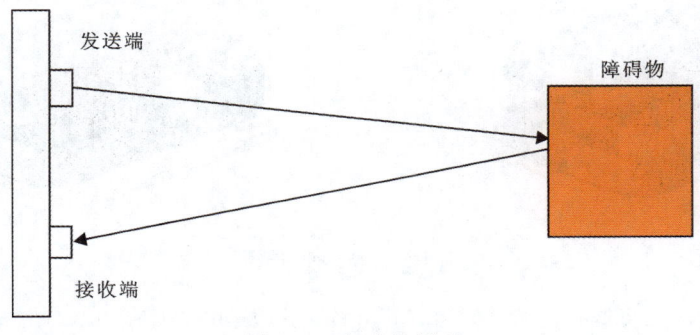

图 10-5　超声波原理

3. 雷达传感器和超声波传感器的区别

雷达传感器:利用电磁波进行探测,通过发射和接收电磁波来计算目标的距离、速度和方位,具有较高的测距精度和分辨率,能实现毫米级的测距精度,具有较强的抗干扰能力。

超声波传感器:使用超声波作为探测信号,通过发射超声波并接收回波来测量目标的距离,其测量范围和精度受环境影响较大。

雷达传感器在远距离、高精度和复杂环境下表现更优,成本较高;而超声波传感器则在近距离、低成本和特定环境下更具优势,主要应用在短距离、近场环境的测量和探测,如工业自动化、避障系统和机器人导航,成本相对较低。

下面我们利用超声波传感器来制作 1 个倒车雷达。

五、操作指导

1. 搭建主体

(1)将主板固定在底座上。将 4 颗 M3×10 mm 螺丝钉对齐主板外围 4 个孔和主板底座的 4 个孔(留两边 7 个孔),用螺母拧紧,如图 10-6 所示。

(2)安装扩展板。将扩展板沿对应方向安装在主板上,如图 10-7 所示。

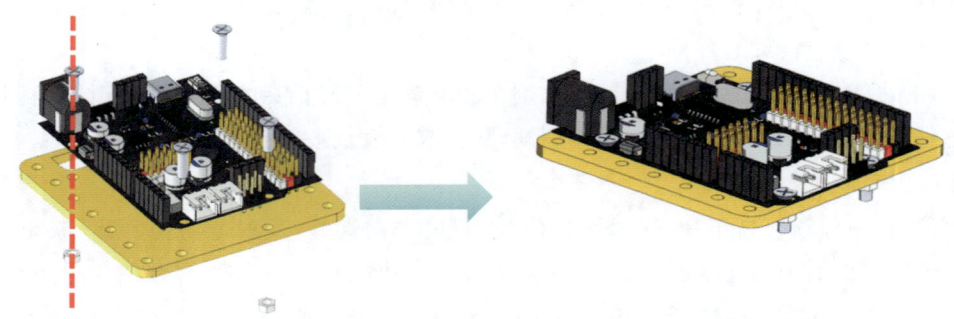

图 10-6　将主板固定在底座上

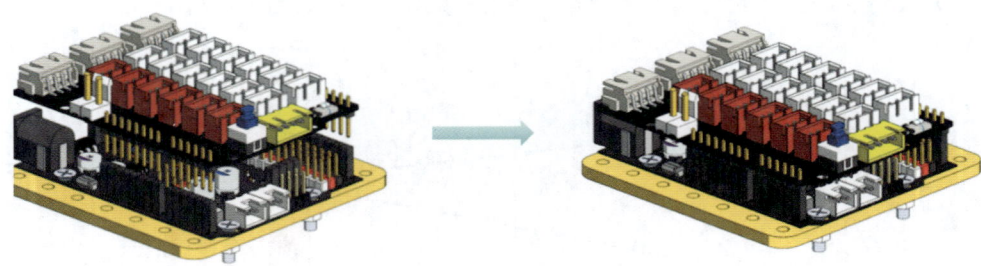

图 10-7　安装扩展板

(3)搭建底座。先将底部 4 颗 M3×10mm 螺丝钉从下往上穿过 12 孔大底板的 A1、A7、G1、G7 孔,然后将 4 颗 M3×15mm 铜柱分别对应拧紧,如图 10-8 所示。

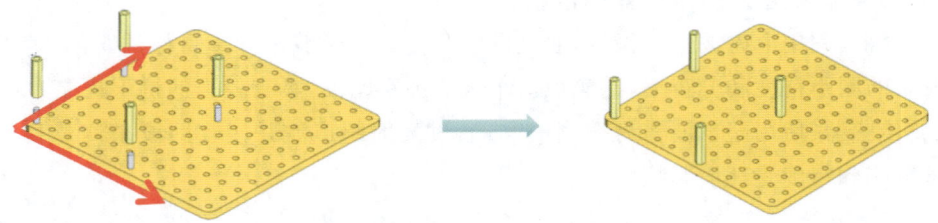

图 10-8　安装螺丝和铜柱

(4)主板就位。将刚做好的主板对齐 4 颗铜柱,然后用 M3×10mm 螺丝钉从主板底座 4 个角的孔位往下和 M3×15mm 铜柱拧紧(3 个 4pin 线插口朝外),如图 10-9 所示。

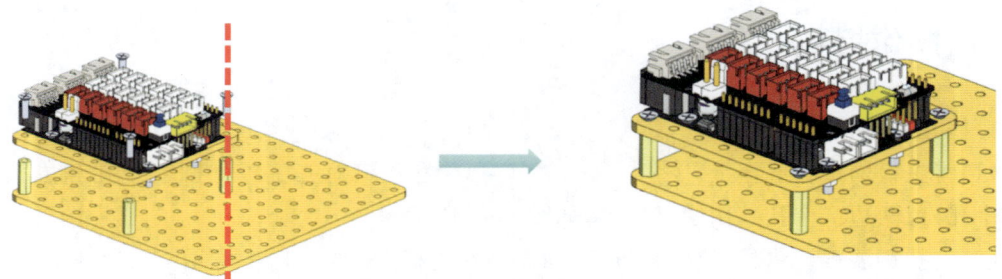

图 10-9　主板就位

(5)安装模块。

①先将超声波模块接好 4pin 线,然后插上 A1、A2 号端口,再装上板,如图 10-10 所示。

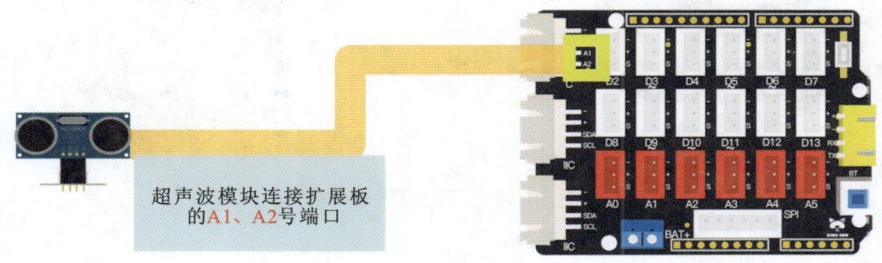

图 10-10　超声波模块连接扩展板

②将 M3×10mm 螺丝钉先穿过超声波传感器插口两边的孔,再穿过 12 孔大底板,用 2 颗 M3 螺母从下往上与螺丝钉拧紧,如图 10-11 所示。超声波安装在 J6、J8 孔中。

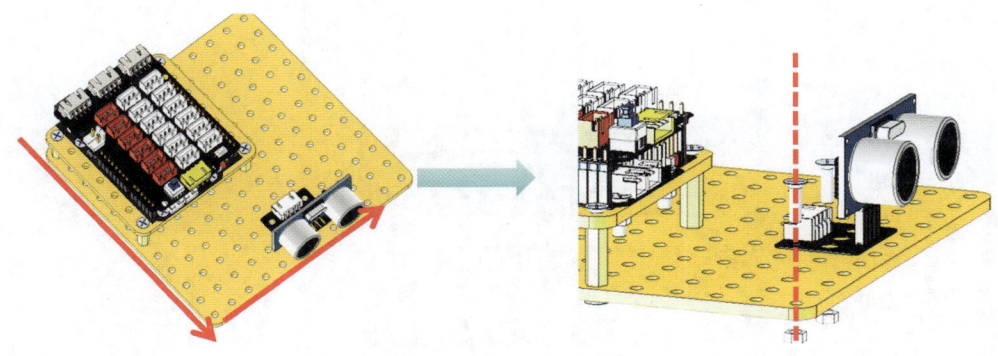

图 10-11　固定超声波模块

③先将无源蜂鸣器接好 3pin 线,然后插上 D7 号端口,再装上板,如图 10-12 所示。

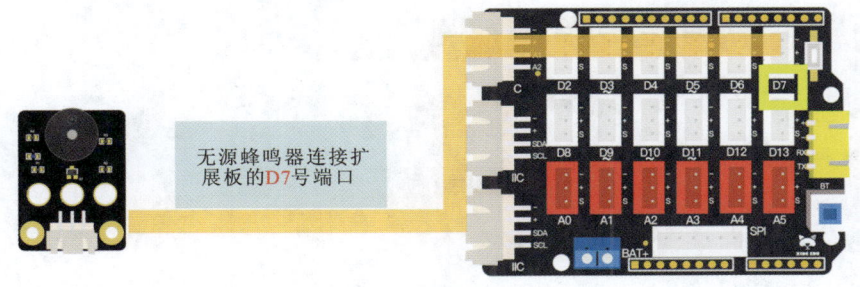

图 10-12　无源蜂鸣器连接扩展板

④将 M3×10mm 螺丝钉先穿过无源蜂鸣器插口两边的孔,再穿过 12 孔大底板,用 2 颗 M3 螺母从下往上与螺丝钉拧紧(无源蜂鸣器与超声波模块方向一致)。无源蜂鸣器安装在 E10、E12 孔中,如图 10-13 所示。

图 10-13　固定无源蜂鸣器

2. 编制程序

1) 超声波串口检测

(1) 认识"超声波"代码块:"超声波"代码块位于"传感器"模块中,它可以检测距离,如图 10-14 所示。

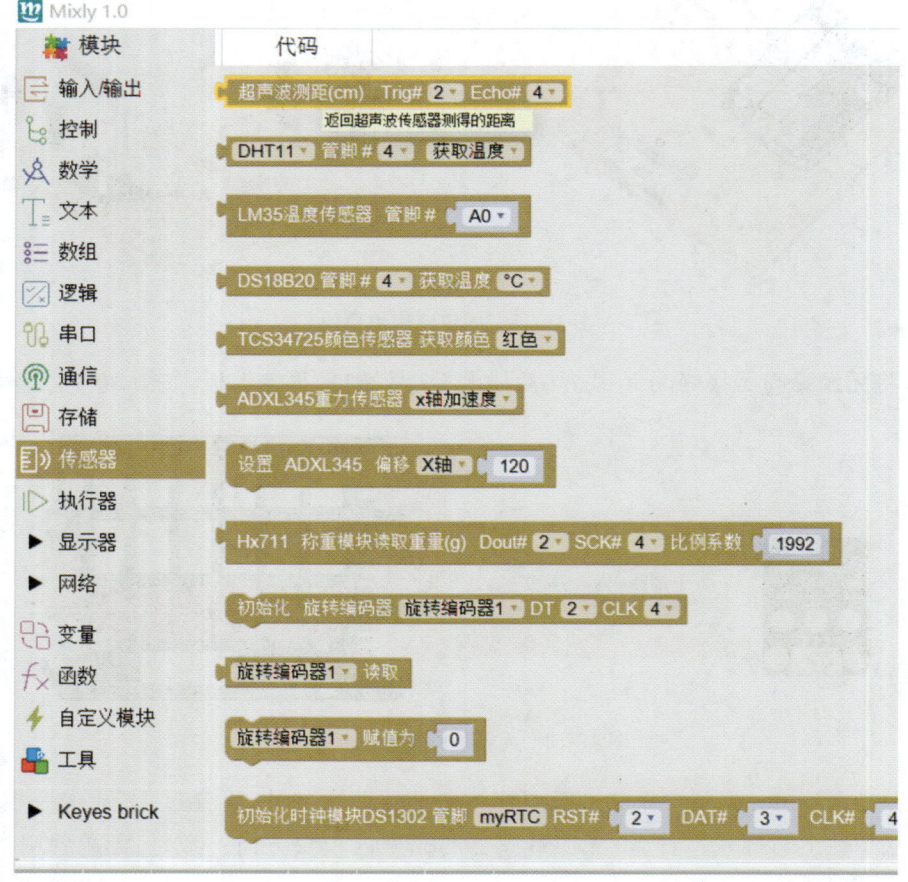

图 10-14　"超声波"代码块

（2）超声波串口检测，如图 10-15 所示。

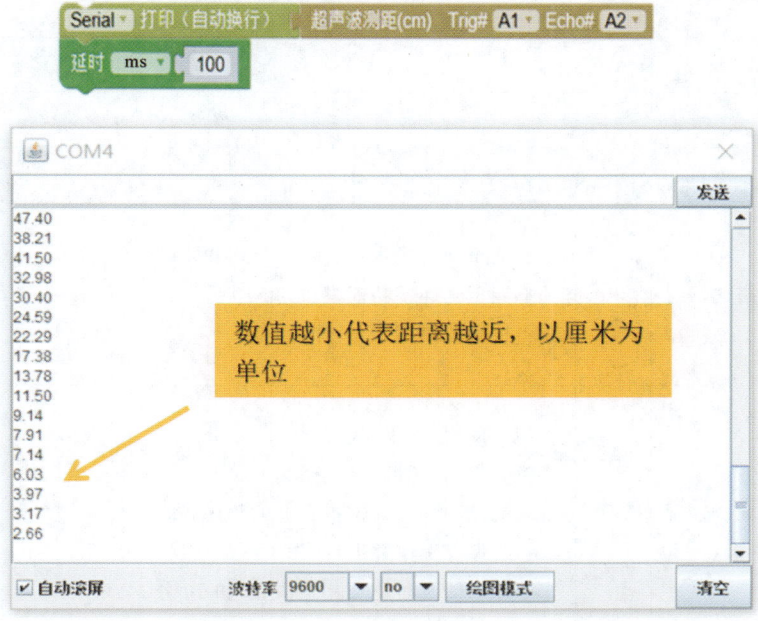

图 10-15　超声波串口检测代码

2）编写入侵报警器程序

按图 10-16 编写程序，探测距离小于 20cm，便会触发警报：循环播放 10 次警报声。

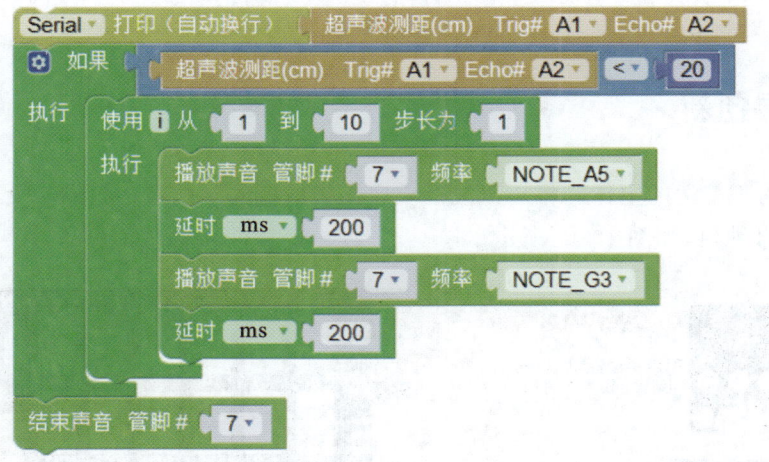

图 10-16　入侵警报器程序

六、项目评价

项目考核及评分标准见表 10-2。

表 10-2　项目评价表

班级		同组人	
姓名		工时	
日期		得分	

序号	考核项目	配分	评分标准	扣分	备注
1	主体搭建情况	30	①不能正确搭建木板、使用螺母，扣 10 分 ②不能正确连接功能模块，扣 10 分 ③不按规范使用工具，扣 10 分		
2	项目完成情况	50	①不会使用"如果"代码块，扣 10 分 ②不会使用"超声波"代码块，扣 10 分 ③未能正确编写入侵报警器的程序，扣 10 分 ④不会保存程序并退出，扣 10 分 ⑤下课未能及时上交完整作业，扣 10 分		
3	上课状态	20	①上课玩手机、睡觉，扣 10 分 ②上课随意离开教室，扣 5 分 ③上课结束不整理座位，扣 5 分		

七、拓展创新

（1）搭建倒车雷达的主体。将超声波模块连接扩展板的 A1、A2 号端口，无源蜂鸣器连接扩展板的 D7 号端口，如图 10-17 所示。

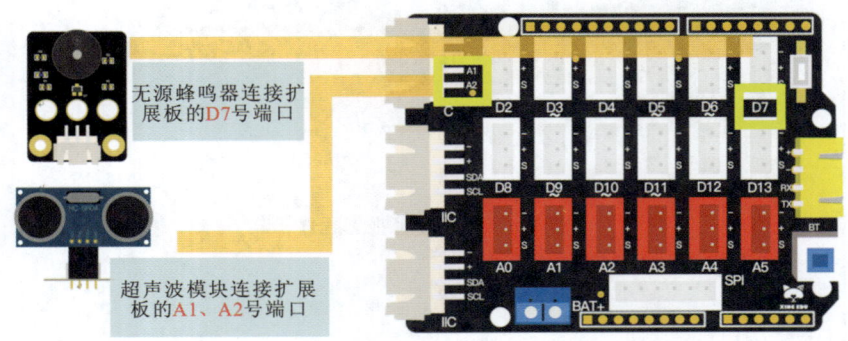

图 10-17　倒车雷达主体搭建

（2）编制倒车雷达的程序。距离大于 20cm 时不发出声音，距离小于 20cm 开始进入"越近越急促"效果的程序，即播放声音并延时 200ms，结束声音并根据距离用映射调节延时 1000ms 到 0，如图 10-18 所示。

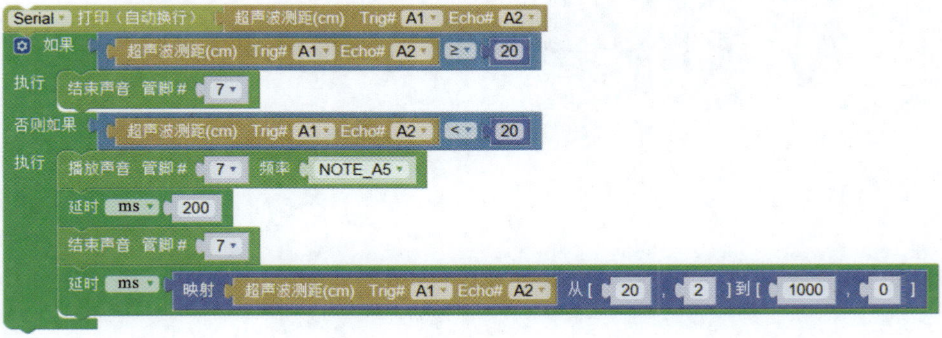

图 10-18　倒车雷达程序

项目十一　制作测距仪

一、项目目标

(1)掌握测距仪的制作方法,能搭建主体和编写程序。
(2)理解测距仪的工作原理。
(3)理解 LCD1602 显示屏的工作原理。

二、项目任务

1. 任务描述

本项目将制作一个测距仪。测距仪是通过超声波模块、显示屏等实现功能的。在这个实例里我们将探讨如何运用 Mixly 程序实现测距功能。

2. 任务流程图

本项目的任务流程如图 11-1 所示。

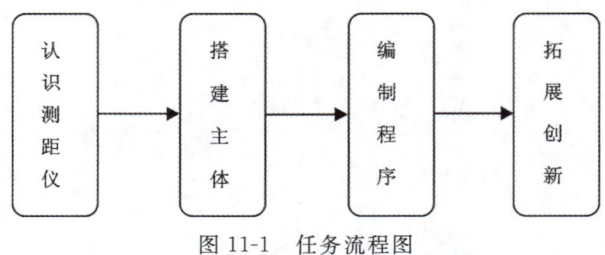

图 11-1　任务流程图

三、功能模块

学习本项目需要的材料和命令组见表 11-1。

项目十一　制作测距仪

表 11-1　材料及命令组

类型	名称	作用
功能模块	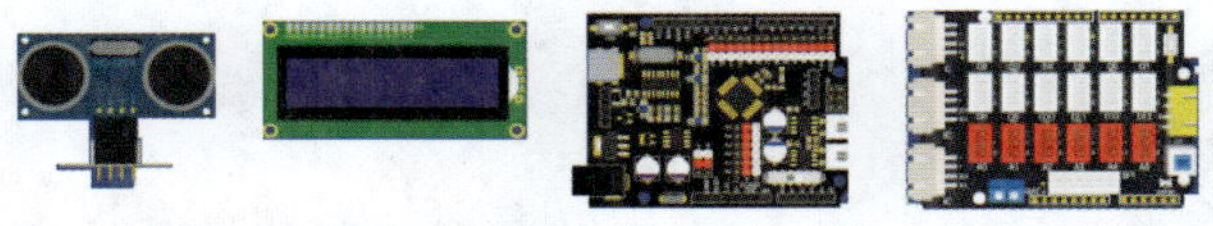 超声波模块 1个　　LCD1602显示屏 1个　　主板 1块　　扩展板 1块	LCD1602 显示屏：显示超声波模块检测的距离数据； 超声波模块：测距； 主板、扩展板：提供电源，将不同功能模块连接在一起传递信息
木板	 12孔大底板 1块　　主板底座 1块　　显示屏固件架 1块　　3×12长方形底板 1块　　竖接件 1块　　90°接件 1块	固定各功能模块
五金件	M3×10mm螺丝钉 18颗　　M3×16mm螺丝钉 4颗　　M3螺母 16颗　　M3×15mm铜柱 8颗	固定连接底板和连接件
命令组	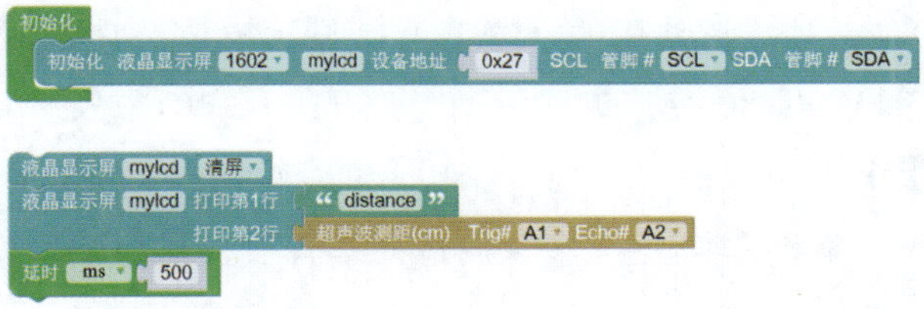 初始化　液晶显示屏 1602　mylcd 设备地址 0x27 SCL 管脚# SCL SDA 管脚# SDA 液晶显示屏 mylcd 清屏 液晶显示屏 mylcd 打印第1行 "distance" 打印第2行 超声波测距(cm) Trig# A1 Echo# A2 延时 ms 500	显示超声波检测的实时距离数据

四、背景知识

1. 测距仪的小知识

在大桥建造的前期，一般利用测距仪去收集各方面的距离数据（图 11-2）。如果没有测距仪，这一座座跨江、跨海大桥就很难建造出来。

图 11-2　测距仪测距

2. 各式各样的测距仪

测距仪(图 11-3)是根据光学、声学和电磁波学原理设计的,用于测量距离的仪器。测距仪的形式很多,通常是一个长形圆筒,由物镜、目镜、测距转钮组成。

图 11-3　光学测距仪和超声波测距仪

超声波指向性强,能量消耗缓慢,在介质中传播的距离较远,所以经常用超声波来测量距离。超声波测距仪装置上设有瞄点装置,只要将仪器对准要测量的目标,就会有一点出现在测距仪的显示屏幕上。它主要是通过声速来测量的,肉眼看不见射出的线。

3. LCD1602 显示屏

LCD1602 显示屏(图 11-4)是一种广泛使用的字符型液晶显示模块。它是由字符型液晶显示屏(LCD)、控制驱动主电路 HD44780 及其扩展驱动电路 HD44100,以及少量电阻、电容元件和结构件等装配在 PCB 板上而组成的。不同厂家生产的 LCD1602 显示屏可能有所不同,但使用方法都是一样的。为了降低成本,绝大多数制造商都直接将裸片做到板子上。

图 11-4　LCD1602 显示屏

五、操作指导

1. 搭建主体

(1)将主板固定在底座上。将 4 颗 M3×10mm 螺丝钉对齐主板外围 4 个孔和主板底座的 4 个孔(留两边 7 个孔),用螺母拧紧,如图 11-5 所示。

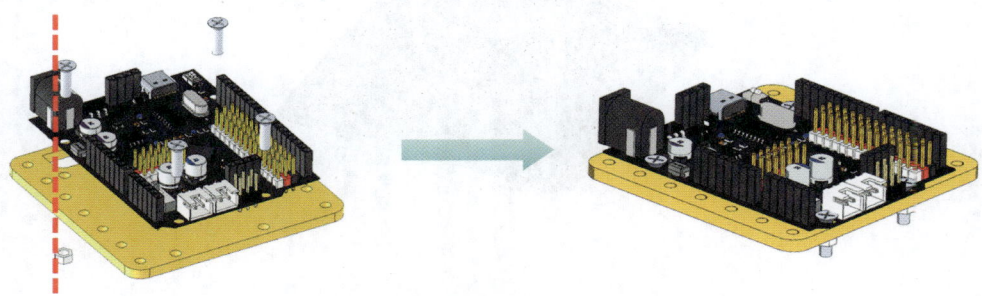

图 11-5 将主板固定在底座上

(2)安装 90°接件和底板。先将 2 个 90°接件的 2 个孔位插进 3×12 长方形底板左右两排孔从下往上的第 2 和第 4 个孔(90°接件另一个口朝上)中,然后将 2 颗 M3 螺母塞进 2 块竖接件的横向开口卡位处,再用 M3×16mm 螺丝钉从外往里穿过 3×12 长方形底板左右两排孔从下往上的第 3 个孔,并与固定在 90°接件处的 M3 螺母拧紧,如图 11-6 所示。

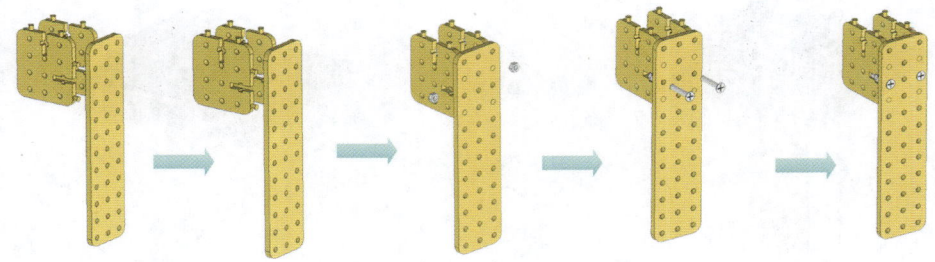

图 11-6 安装 90°接件和底板

(3)固定 12 孔大底板。先将 2 颗 M3 螺母塞进 2 块竖接件的竖向开口卡位处,再将 12 孔大底板的 D6、F6、D8、F8 孔对应 90°接件的卡位往下卡紧。然后将 M3×16mm 螺丝钉从上往下穿过 12 孔大底板 E6、E8 孔,并与固定在 90°接件处的 M3 螺母拧紧,(3×12 长方形底板朝自己),如图 11-7 所示。

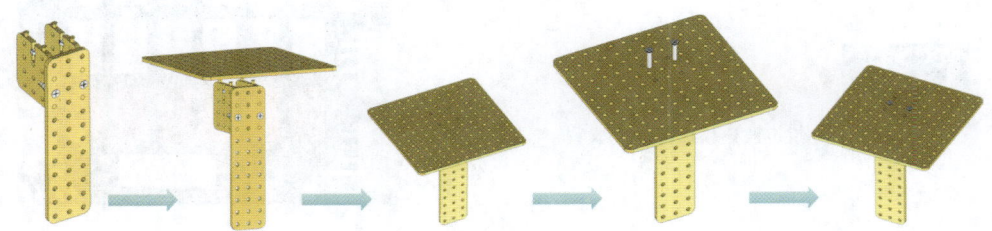

图 11-7 固定 12 孔大底板

(4)安装铜柱。先将底部的 4 颗 M3×10mm 螺丝钉从下往上穿过 12 孔大底板的 F4、L4、F10、L10 孔中(相邻 2 个螺丝钉间相隔 5 个孔位),然后将 4 颗 M3×15mm 铜柱分别对应拧紧,如图 11-8 所示。

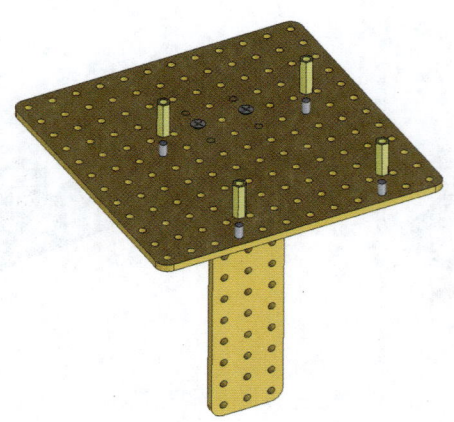

图 11-8　安装铜柱

（5）固定主板。将刚做好的主板对齐 4 颗铜柱，然后用 M3×10mm 螺丝钉从主板底座 4 个角的孔位往下和铜柱拧紧（3 个 4pin 线插口朝外），如图 11-9 所示。

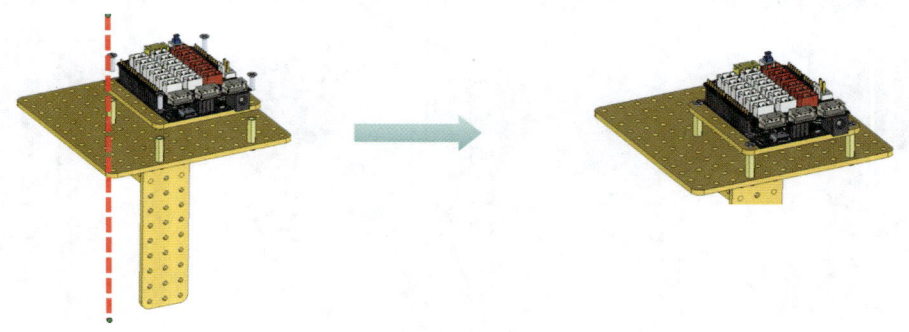

图 11-9　固定主板

（6）连接超声波模块。先将超声波接好 4pin 线，然后插上 A1、A2 号端口，再装上板，如图 11-10 所示。

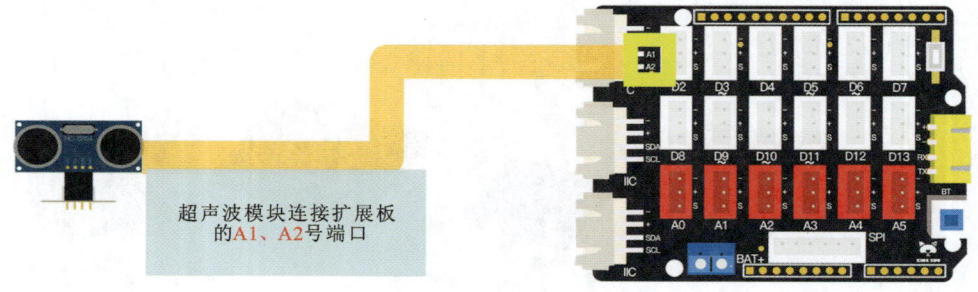

图 11-10　连接超声波模块

（7）固定超声波模块。将 2 颗 M3×10mm 螺丝钉先穿过超声波传感器插口两边的孔，再穿过 12 孔大底板，用 2 颗 M3 螺母从下往上与螺丝钉拧紧。超声波安装在 B6、B8 孔中，如图 11-11 所示。

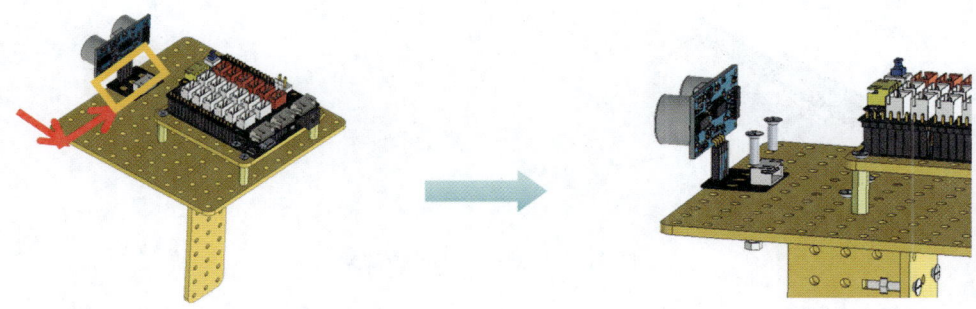

图 11-11 固定超声波模块

(8)安装竖接件。将 2 块竖接件(竖向)分别穿过 12 孔大底板的 B1、B3 孔和 B10、B12 孔并固定,如图 11-12 所示。

图 11-12 安装竖接件

(9)固定竖接件。将 2 颗 M3 螺母塞进 2 块竖接件下端的开口卡位处,再用 M3×16mm 螺丝钉从下往上穿过 12 孔大底板,并与固定在 90°接件处的 M3 螺母拧紧。将 M3×16mm 螺丝钉从下往上安装在 B2 和 B11 孔中,如图 11-13 所示。

图 11-13 固定竖接件

(10)安装显示屏固件架。将 LCD1602 显示屏与显示屏固件架按方向卡好。然后将 4 颗 M3×10mm 螺丝从后面先穿过 LCD1602 显示屏 4 个角的孔,再穿过显示屏固件架 4 个角的第 2 个孔,最后从前面用 M3 螺母分别与螺丝钉拧紧,如图 11-14 所示。

图 11-14　安装显示屏固件架

（11）拧紧显示屏固件架。将 4 颗 M3×10mm 螺丝钉分别从前面穿过显示屏固件架两边下方的第 1、第 2 个孔，再从后面用 M3×15mm 铜柱分别与螺丝钉拧紧，如图 11-15 所示。

图 11-15　拧紧显示屏固件架

（12）LCD1602 显示屏连接扩展板。先将 LCD1602 显示屏接好 4pin 线，然后插上 SDA、SCL 号端口，再装上板，如图 11-16 所示。

图 11-16　LCD1602 显示屏连接扩展板

（13）固定显示模块。将 4 颗 M3×10mm 螺丝钉分别从超声波那边插入 2 个竖接件中间排孔往下的第 1、第 2 个孔中，然后与显示屏固件架上的 4 颗铜柱固定好，如图 11-17 所示。

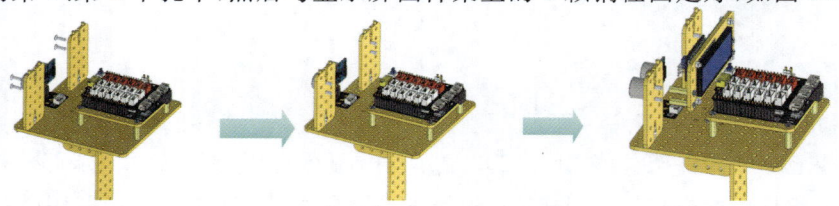

图 11-17　固定显示模块

2. 编制程序

1）使 LCD1602 显示屏显示数字、英文

（1）认识"初始化"代码块："初始化"代码块位于"显示器—LCD 液晶屏"模块中，它的功能主要是初始化显示屏，如图 11-18 所示。

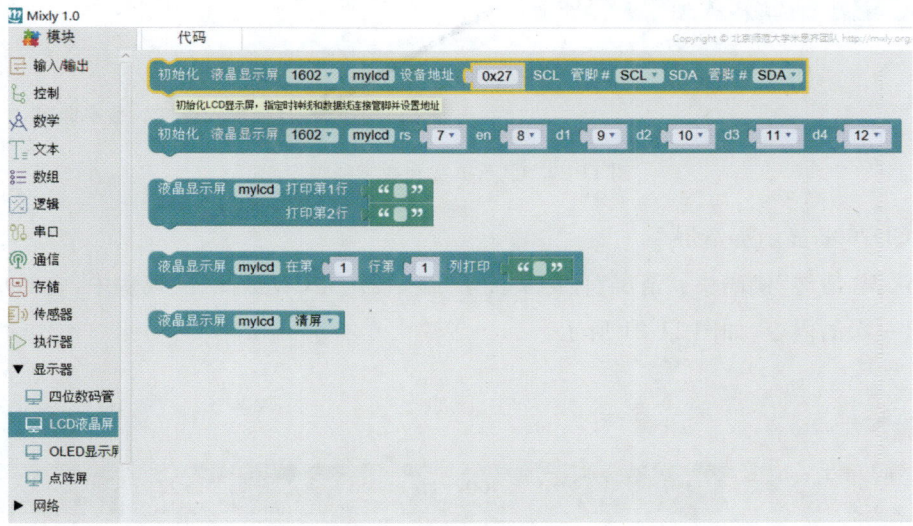

图 11-18 "初始化"代码块

（2）认识"显示"代码块："显示"代码块位于"显示器—LCD 液晶屏"模块中，它的功能主要是显示英文或数字内容，如图 11-19 所示。

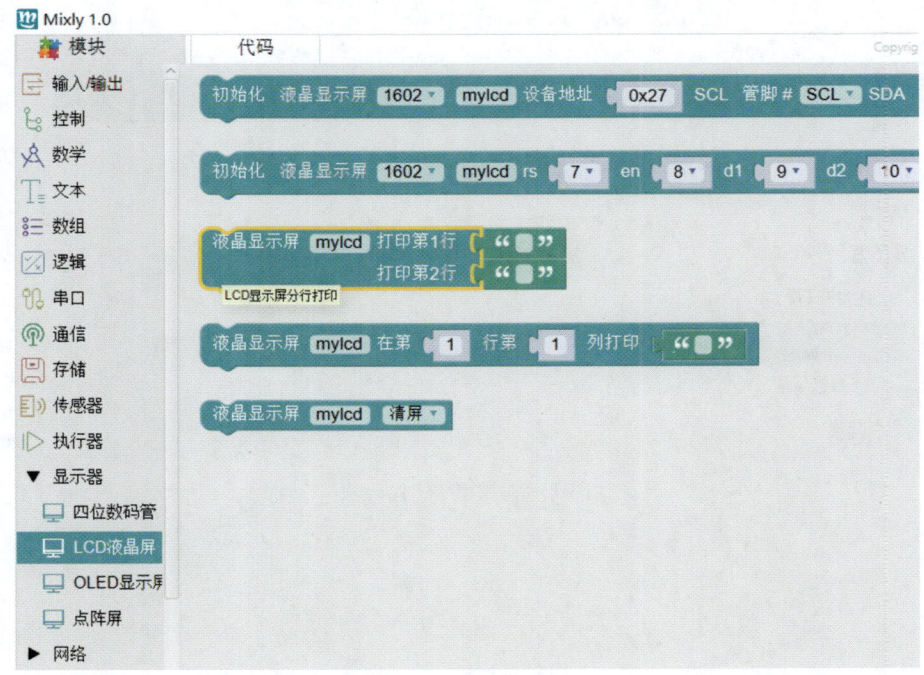

图 11-19 "显示"代码块

(3)显示英文和数字的程序:输入要显示的内容,如图11-20所示。

图 11-20　显示英文和数字的程序

2)LCD1602 显示屏清屏

(1)认识"清屏"代码块:"清屏"代码块位于"显示器—LCD 液晶屏"模块中,它的功能主要是清除上一次的内容,如图11-21所示。

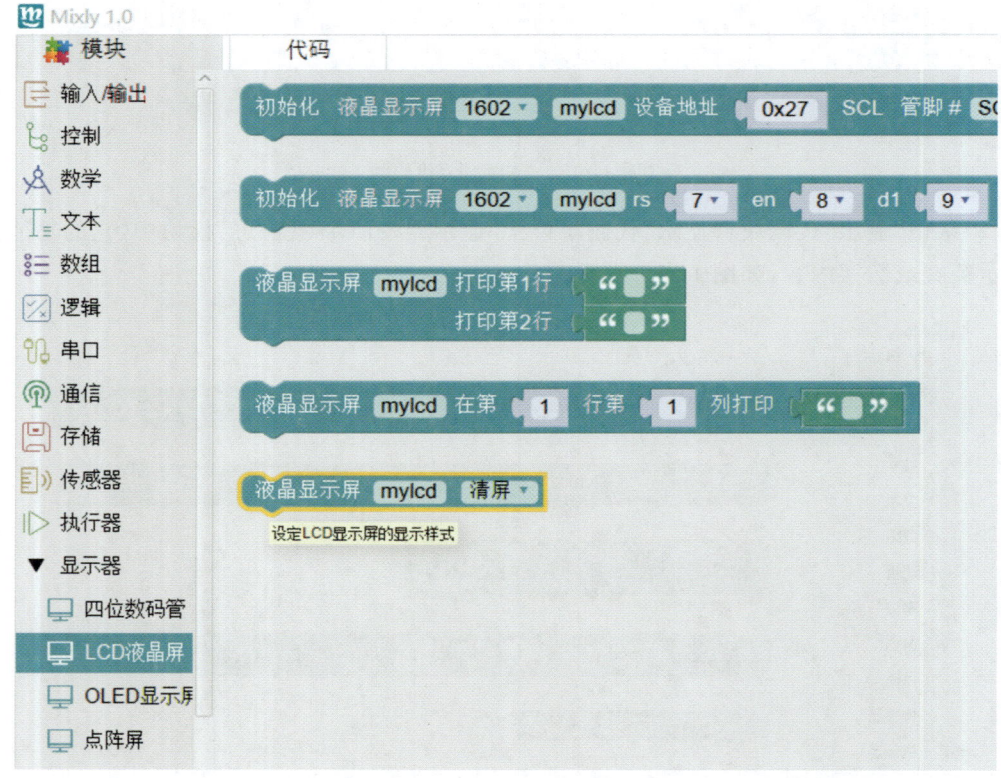

图 11-21　"清屏"代码块

3）显示超声波数据

（1）显示对话的程序：初始化液晶屏，清屏后便开始显示对话 1，延时 2000ms 后显示对话 2，再延时 2000ms，此后重复，如图 11-22 所示。

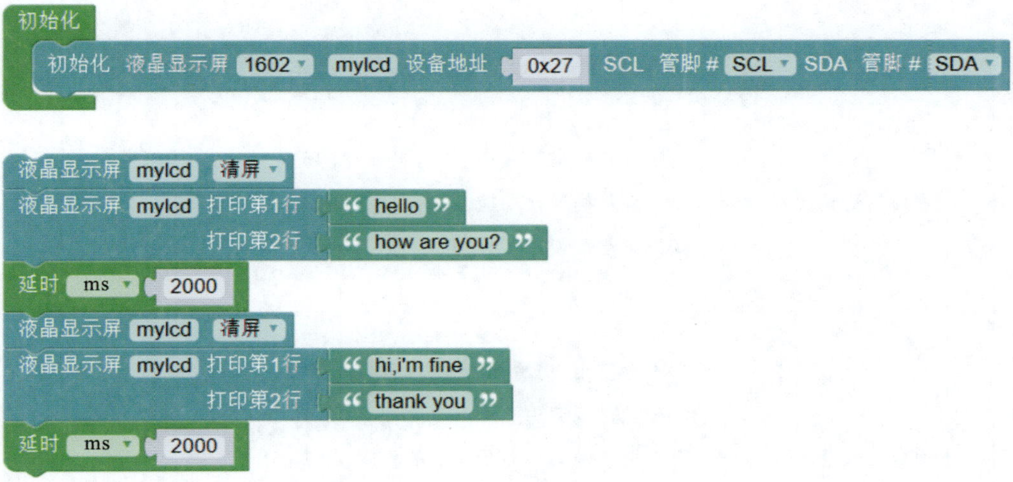

图 11-22　显示对话的程序

（2）显示超声波数据的程序：第一行显示"distance"意为距离，第二行显示的数值便是超声波检测的实时距离数值，如图 11-23 所示。

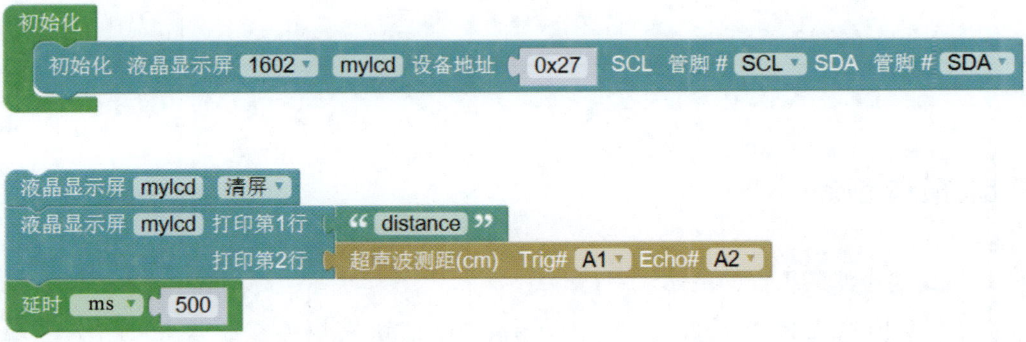

图 11-23　显示超声波数据的程序

六、项目评价

项目考核及评分标准见表 11-2。

表 11-2 项目评价表

班级		同组人	
姓名		工时	
日期		得分	

序号	考核项目	配分	评分标准	扣分	备注
1	主体搭建情况	35	①不能正确搭建木板、使用螺母,扣15分 ②不能正确连接功能模块,扣15分 ③不按规范使用工具,扣5分		
2	项目完成情况	45	①不会使用"初始化"代码块,扣10分 ②未能正确编写显示屏清屏程序,扣10分 ③未能正确编写显示对话的程序,扣10分 ④不会保存程序并退出,扣5分 ⑤下课未能及时上交完整作业,扣10分		
3	上课状态	20	①上课玩手机、睡觉,扣10分 ②上课随意离开教室,扣5分 ③上课结束不整理座位,扣5分		

七、拓展创新

(1)搭建超声波测距仪的主体。

将超声波模块连接扩展板的 A1、A2 号端口,按钮模块连接扩展板的 D7 号端口,LCD1602 显示屏连接扩展板的 SDA、SCL 号端口,如图 11-24 所示。

(2)编制按钮控制超声波测距仪的程序。

使用"如果"的逻辑判断,如果按下按钮,那么打印超声波的数据。按下按钮,显示屏就立即记录超声波此刻探测的距离,并延时 1000ms,如图 11-25 所示。

项目十一　制作测距仪

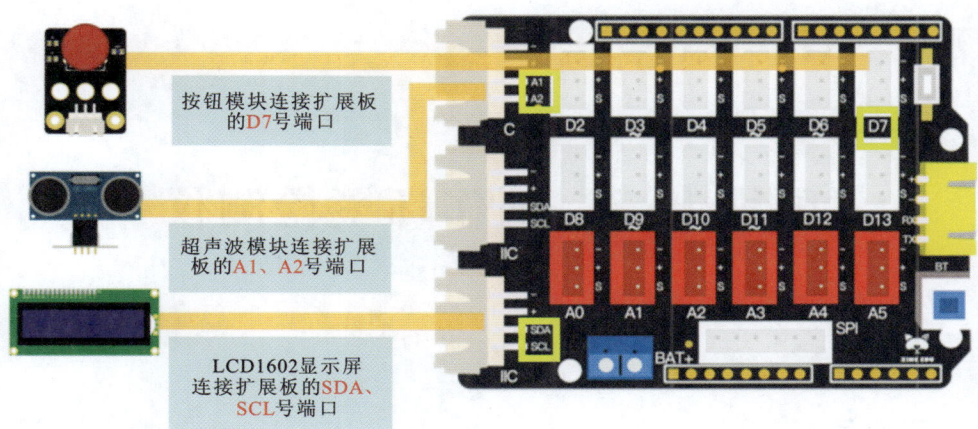

图 11-24　超声波测距仪主体搭建

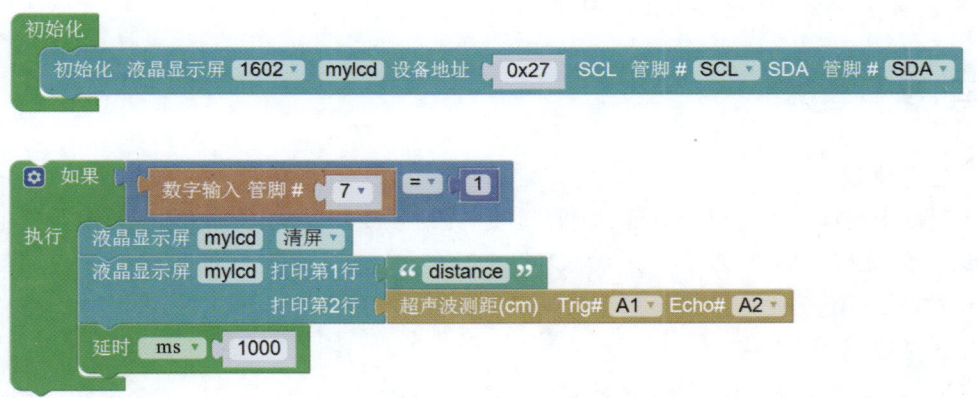

图 11-25　按钮控制超声波测距仪的程序

项目十二 制作环境检测仪

一、项目目标

(1)掌握环境检测仪的制作方法,能搭建主体和编写程序。
(2)能理解温湿度传感器的工作原理。

二、项目任务

1. 任务描述

本项目将制作一个可以测温度、湿度、亮度(光照强度)环境检测仪,环境检测仪是通过温湿度传感器、光感电阻及显示模块等实现以上功能的,在这个实例里我们将探讨如何运用Mixly 程序完成任务。

2. 任务流程图

本项目的任务流程如图 12-1 所示。

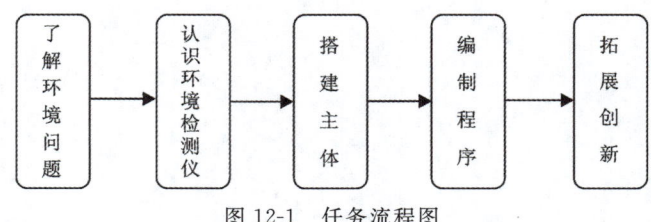

图 12-1 任务流程图

三、功能模块

学习本项目需要的材料和命令组见表 12-1。

项目十二　制作环境检测仪

表 12-1　材料及命令组

类型	名称	作用
功能模块	温湿度传感器 1个　光敏电阻 1个　LCD1602显示屏 1个　主板 1块　扩展板 1块	温湿度传感器:测量温度和湿度; 光敏电阻:感应光照强度; LCD1602 显示屏:显示字母和数字; 主板、扩展板:提供电源,将不同功能模块连接在一起传递信息
木板	12孔大底板 1块　主板底座 1块　显示屏固件架 1块	固定各功能模块
五金件	M3×10mm螺丝钉 28颗　M3螺母 12颗　M3×15mm铜柱 8颗	固定连接底板和连接件
命令组	DHT11 管脚#4 获取温度/获取湿度	"DHT11"代码块:返回温湿度传感器测得的温度值
	Serial 打印(自动换行) DHT11 管脚#7 获取温度 Serial 打印(自动换行) DHT11 管脚#7 获取湿度 Serial 打印(自动换行) ' ' 延时 ms 200	温湿度传感器串口打印
	Serial 打印(自动换行) 模拟输入 管脚# A0 延时 ms 500	光敏电阻串口检测

四、背景知识

1. 环境问题

环境问题一般指自然界或人类活动作用于人们周围的环境,引起环境质量下降或生态失调,以及这种变化反过来对人类的生产和生活产生不利影响的现象。在人类改造自然环境和创建社会环境的过程中,自然环境仍以其固有的自然规律变化着。社会环境受自然环境的制约,也以其固有的规律运动着。人类与环境不断地相互影响和作用,产生环境问题。

环境问题多种多样,归纳起来有两大类:一类是自然演变和自然灾害引起的原生环境问题,也叫第一环境问题,如地震、洪涝、干旱、台风、崩塌、滑坡、泥石流等;另一类是人类活动引起的次生环境问题,也叫第二环境问题,如乱砍滥伐引起的森林植被的破坏,过度放牧引起的草原退化,大面积开垦草原引起的沙漠化和土地沙化,工业生产造成的大气、水环境恶化等。

2. 环境问题的三座"大山"

(1)全球气候变暖。近一个世纪以来,人类大量使用矿物燃料(煤、石油等),排放出二氧化碳(CO_2)等多种温室气体。这些温室气体对来自太阳辐射的短波具有强的透过性,而对地球反射出来的长波辐射具有强的吸收性,导致全球气候变暖,也就是常说的"温室效应"。

(2)臭氧层破坏。人类生产和生活所排放出的一些污染物,如冰箱空调等设备制冷剂的氟氯烃类化合物以及其他用途的氟溴烃类化合物,它们受到紫外线的照射后可被激化,形成活性很强的原子,与臭氧层的臭氧(O_3)作用,使其变成氧分子(O_2),这种作用连锁般地发生,臭氧迅速耗减,臭氧层遭到破坏。南极的臭氧层空洞,就是臭氧层破坏的一个最显著的标志。

(3)酸雨。酸雨是由空气中二氧化硫(SO_2)和氮氧化物(NO_x)等酸性污染物引起的,pH值小于5.6的酸性降水。受酸雨危害的地区,出现了土壤和湖泊酸化,植被和生态系统遭受破坏,建筑材料、金属结构和文物被腐蚀等一系列严重的环境问题。

3. 认识环境检测仪

环境检测仪(图 12-2)是对周边环境进行检测的设备。将其应用于环境质量监测时,一旦出现污染严重的情况,我们可以第一时间采取措施,减少损失。环境检测仪的主要功能模块为温湿度传感器。

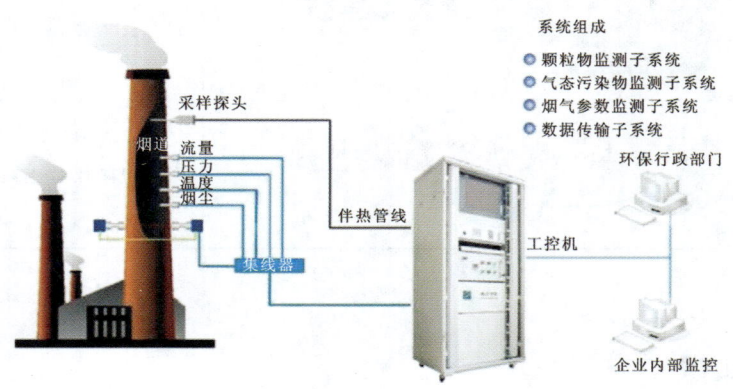

图 12-2 环境检测仪

温湿度传感器是一种装有湿敏和热敏元件,能够用来测量温度和湿度的传感器装置(图 12-3)。温湿度传感器由于体积小、性能稳定,被广泛应用于生产生活的各个领域。

项目十二 制作环境检测仪

图 12-3 温湿度传感器

五、操作指导

1. 搭建主体

（1）将主板固定在底座上。将 4 颗 M3×10mm 螺丝钉对齐主板外围 4 个孔和主板底座的 4 个孔（留两边 7 个孔），用螺母拧紧（对齐主板底座的孔位），如图 12-4 所示。

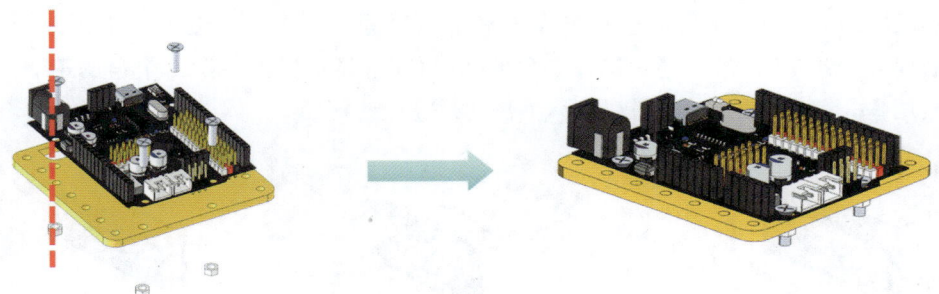

图 12-4 将主板固定在底座上

（2）安装扩展板。将扩展板沿对应方向安装在主板上，如图 12-5 所示。

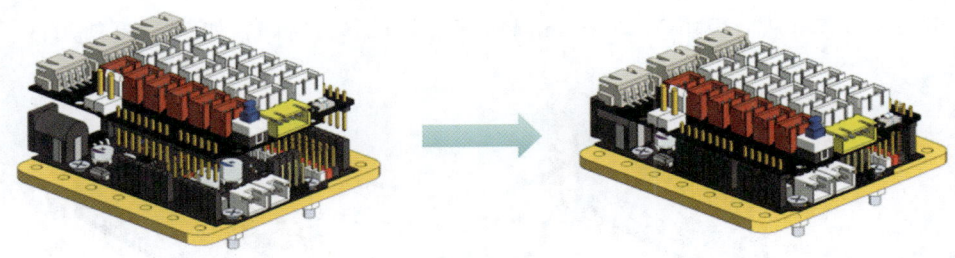

图 12-5 安装扩展板

（3）安装螺丝钉和铜柱。先将底部的 4 颗 M3×10mm 螺丝钉从下往上穿过 12 孔大底板，然后将 4 颗 M3×15mm 铜柱分别对应拧紧，如图 12-6 所示。

图 12-6　安装螺丝钉和铜柱

（4）主板就位。将刚做好的主板对齐 4 颗铜柱，然后用 M3×10mm 螺丝钉从主板底座 4 个（3 个 4pin 线插口朝外），如图 12-7 所示。

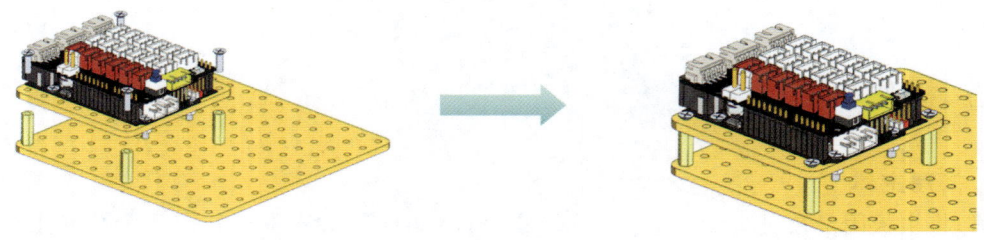

图 12-7　主板就位

（5）安装显示模块。将 LCD1602 显示屏和显示屏固件架卡好。然后将 4 颗 M3×10mm 螺丝从后面先穿过 LCD1602 显示屏 4 个角的孔，再穿过显示屏固件架 4 个角的第 2 个孔，最后从前面用 M3 螺母分别与螺丝钉拧紧，如图 12-8 所示。

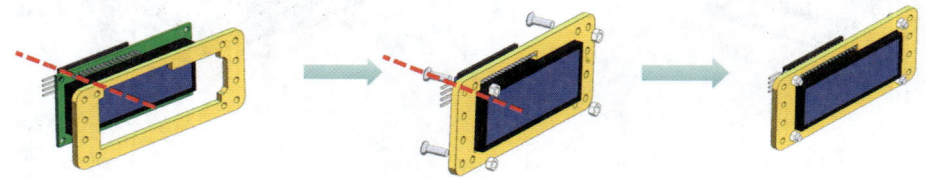

图 12-8　安装显示模块

（6）固定显示模块。将 4 颗 M3×10mm 螺丝钉分别从前面穿过显示屏固件架两边下方的第 1、第 2 个孔，再从后面用 M3×15mm 铜柱分别与螺丝钉拧紧，如图 12-9 所示。

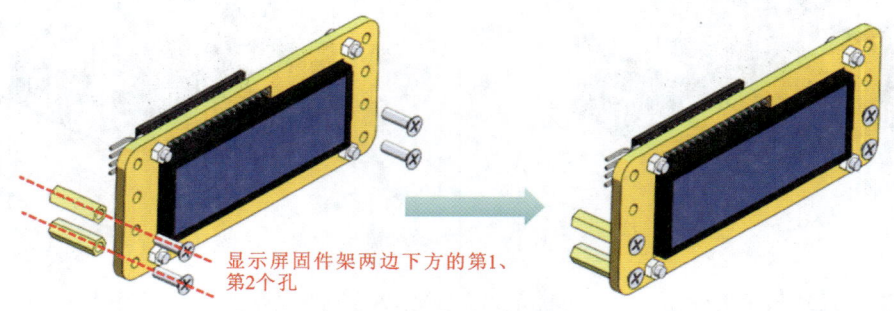

图 12-9　固定显示模块

(7)显示模块接线。先将 LCD1602 显示屏接好 4pin 线,然后插上 SDA、SCL 号端口,再装上板,如图 12-10 所示。

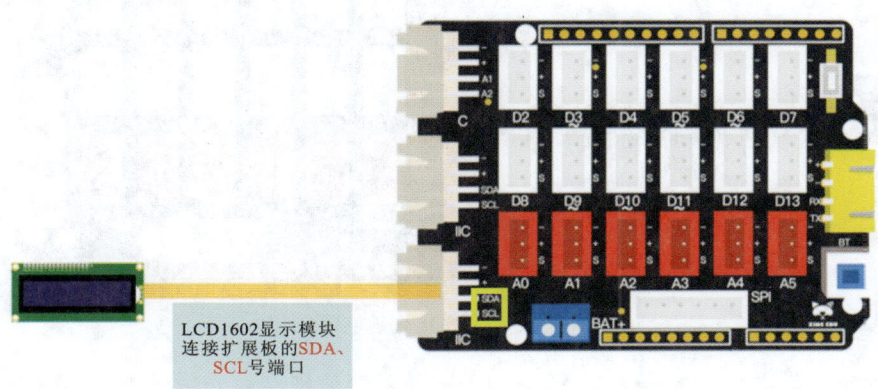

图 12-10　显示模块接线

(8)固定显示模块。先将 4 颗 M3×10mm 螺丝钉分两边从下往上穿过 12 孔大底板,然后将显示屏固件架上的铜柱与螺丝钉拧紧。将 4 颗 M3×10mm 螺丝钉从下往上安装在 K1、L1 和 K10、L10 孔中,两边螺丝钉相隔 8 个孔,如图 12-11 所示。

图 12-11　固定显示模块

(9)安装温湿度传感器。将温湿度传感器接好 3pin 线,然后插上 D7 号端口,最后装上板,如图 12-12 所示。

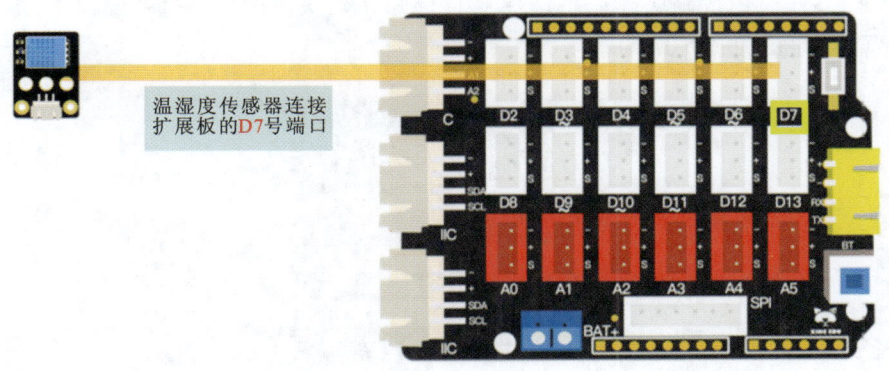

图 12-12　安装环境检测模块

(10)连接光敏电阻。先将光敏电阻接好 3pin 线,然后插上 A0 号端口,再装上板,如图 12-13 所示。

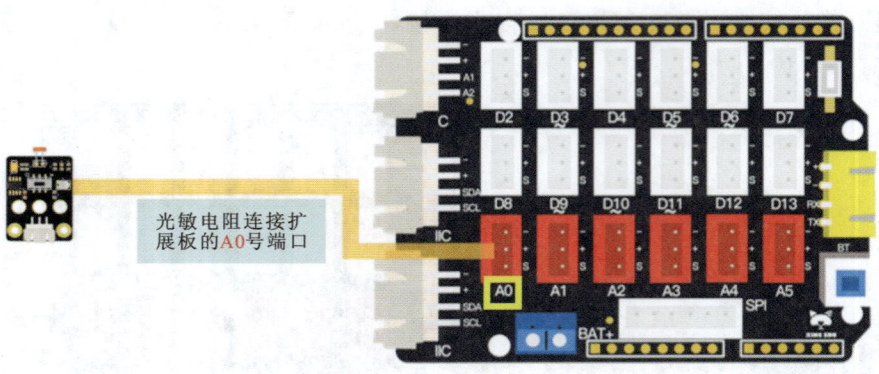

图 12-13　连接光敏电阻

（11）固定光敏电阻。先将 4 颗 M3×10mm 螺丝钉分别穿过光敏电阻和温湿度传感器插口两边的孔,再分别穿过 12 孔大底板的 B9、D9 孔和 E9、G9 孔(传感器头朝右)。再从下往上将 M3 螺母与螺丝钉拧紧。光敏电阻器安装在 B9、D9 孔中,温湿度传感器安装在 E9、G9 孔中,如图 12-14 所示。

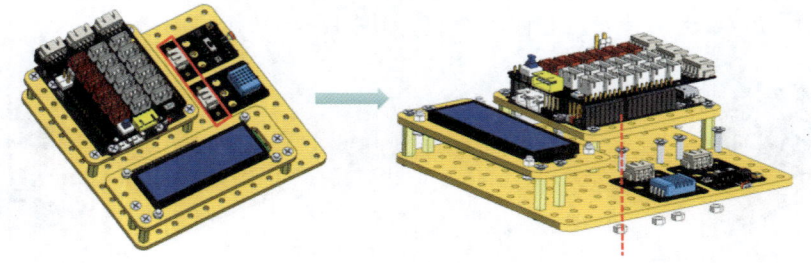

图 12-14　固定光敏电阻

2. 编制程序

1）温湿度传感器串口测试

（1）认识"DHT11"代码块(图 12-15):"DHT11"代码块位于"传感器"模块中,显示返回温湿度传感器测得的温度值(0～50)。

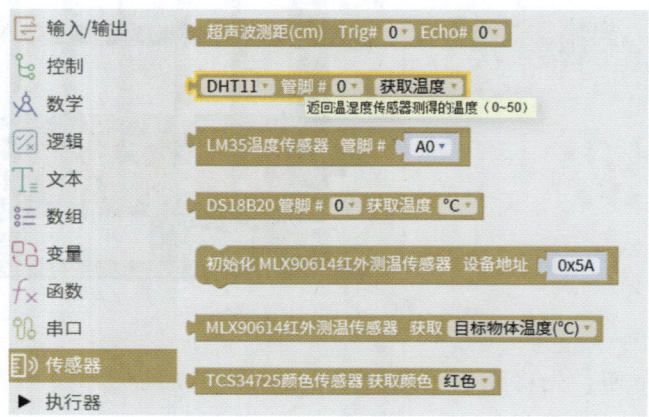

图 12-15　"DHT11"代码块

(2)温湿度传感器串口打印,如图12-16所示。

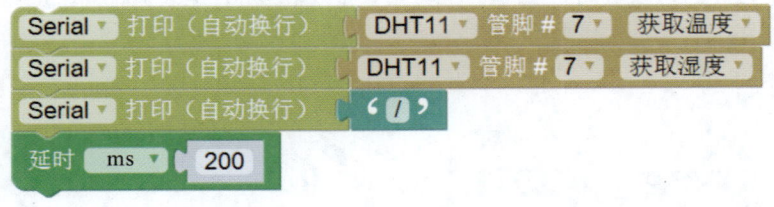

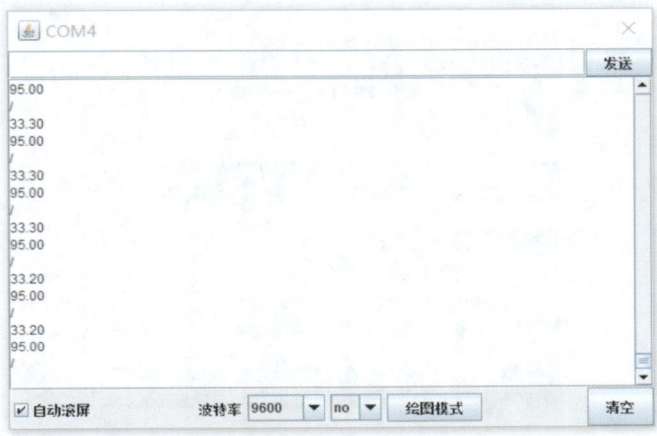

图 12-16　温湿度传感器串口打印

2)光敏电阻串口检测

不同数值对应不同的亮度,光线越强,数值越小,如图12-17所示。

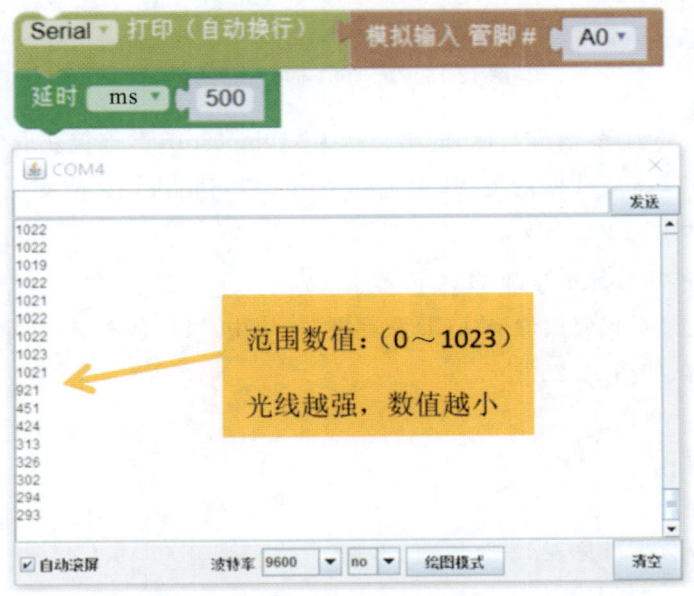

图 12-17　光敏数值检测

3)编制显示屏"连接"的程序

显示屏"连接"代码块位于"文本"模块中,可以将 2 个字符串拼接成一个字符串,如图 12-18 所示。

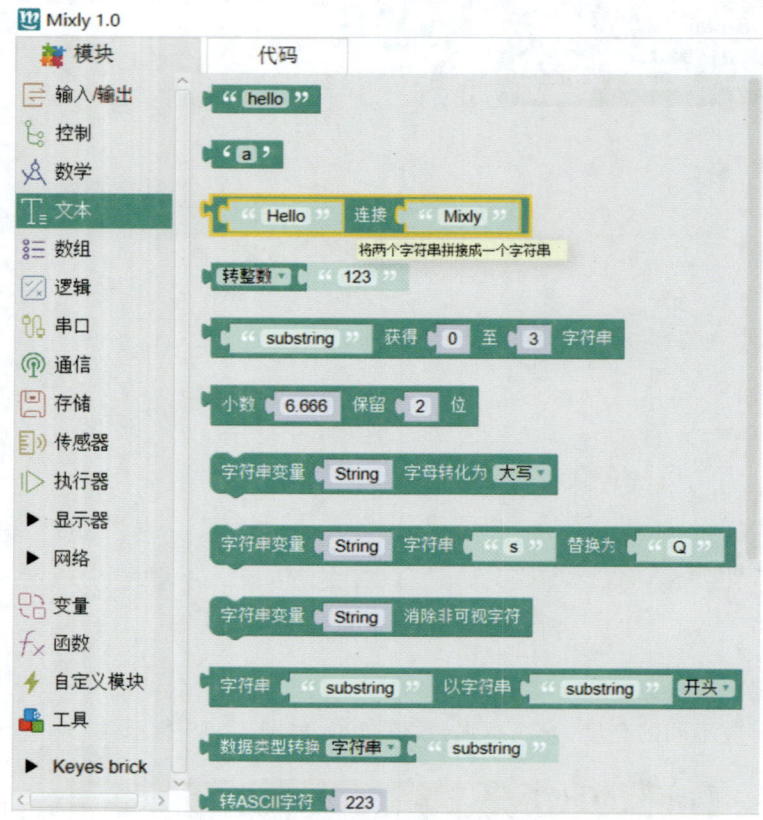

图 12-18　显示屏"连接"代码块

显示屏"连接"的程序:清屏,打印的第一行为"Temperture",连接获取的温度,打印的第二行为"Humidity",连接获取的湿度,延时 1000ms 后再清屏,接下来显示屏打印"Luminance"连接亮度,如图 12-19 所示。

4)认识显示屏"定位显示"代码块

显示屏"定位显示"代码块位于"LCD 液晶屏"模块中,可以使 LCD 显示屏从某行某列开始显示指定的内容,如图 12-20 所示。

六、项目评价

项目考核及评分标准见表 12-2。

项目十二 制作环境检测仪

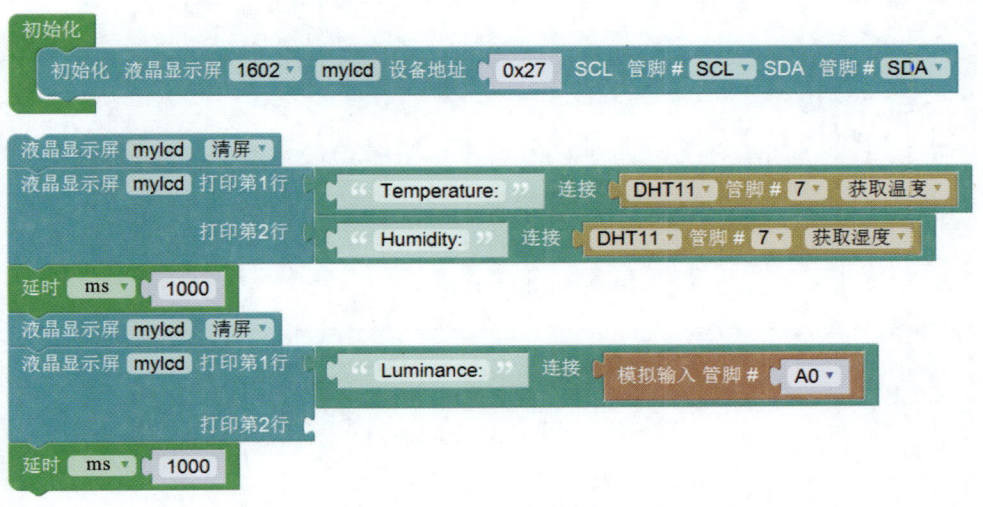

图 12-19 显示屏"连接"的程序

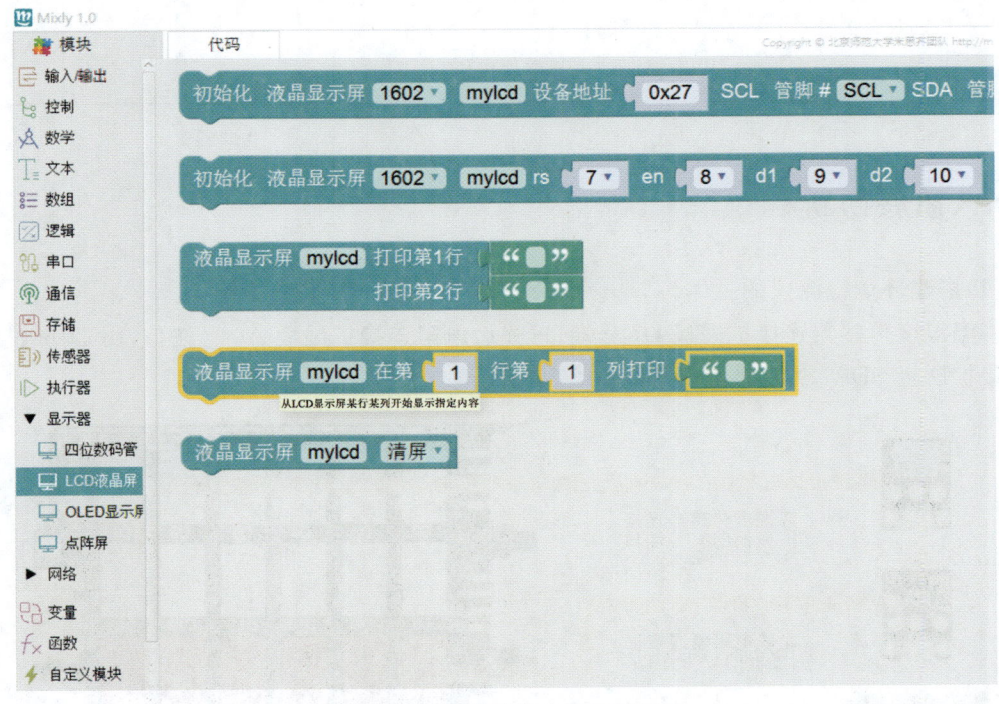

图 12-20 显示屏"定位显示"代码块

表 12-2　项目评价表

班级		同组人	
姓名		工时	
日期		得分	

序号	考核项目	配分	评分标准	扣分	备注
1	主体搭建情况	35	①不能正确搭建木板、使用螺母,扣15分 ②不能正确连接功能模块,扣15分 ③不按规范使用工具,扣5分		
2	项目完成情况	45	①不会使用"DHT11"代码块,扣10分 ②未能正确使用显示屏"连接"代码块,扣10分 ③未能正确使用显示屏"定位显示"的代码块,扣10分 ④不会保存程序并退出,扣5分 ⑤下课未能及时上交完整作业,扣10分		
3	上课状态	20	①上课玩手机、睡觉,扣10分 ②上课随意离开教室,扣5分 ③上课结束不整理座位,扣5分		

七、拓展创新

(1)搭建环境检测仪的主体。

将温湿度传感器连接扩展板 D7 号端口,光敏电阻连接扩展板 A0 号端口,LCD1602 显示屏连接扩展板 SDA、SCL 号端口,如图 12-21 所示。

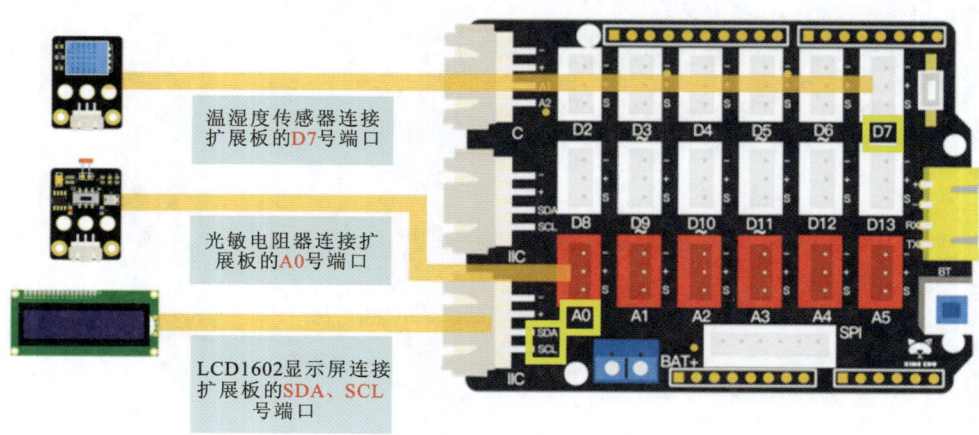

图 12-21　环境检测仪主体搭建

（2）编写环境检测仪的程序。

先清屏，打印的第一行为"WD"，连接获取的温度，打印的第二行为"SD"，连接获取的湿度，定位在第 1 行第 10 列打印"GD"连接亮度，延时 1000ms，记录下个数据，如图 12-22 所示。

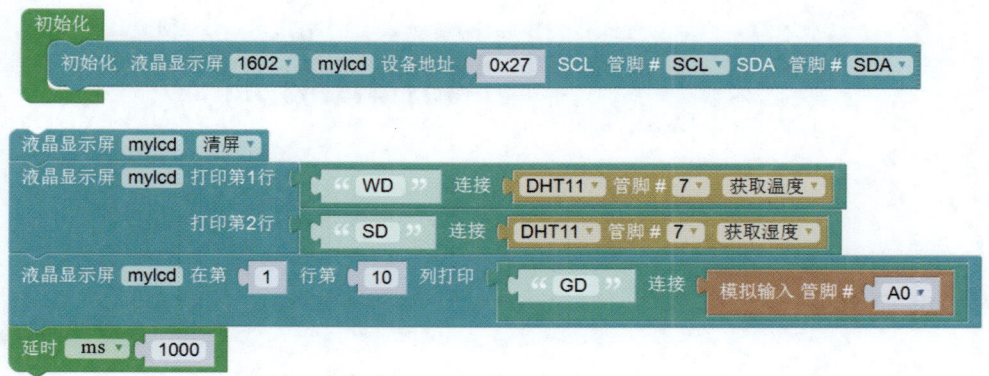

图 12-22　环境检测仪的程序

项目十三　制作招财猫

一、项目目标

(1) 掌握招财猫的制作方法,能搭建主体和编写程序。
(2) 能理解招财猫制作及应用的起源。
(3) 理解招财猫举左、右手的不同寓意。

二、项目任务

1. 任务描述

本项目将运用超声波模块、舵机、LED 灯等搭建招财猫的主体结构,并通过 Mixly 程序实现招财猫的挥手动作。

2. 任务流程图

本项目的任务流程如图 13-1 所示。

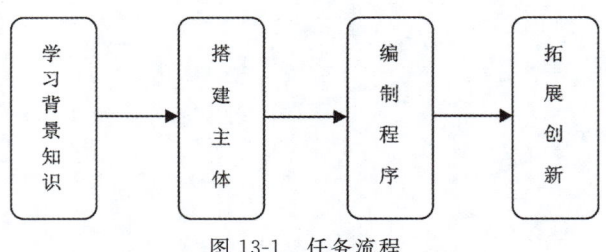

图 13-1　任务流程

三、功能模块

学习本项目需要的材料和命令组见表 13-1。

表 13-1 材料及命令组

类型	名称	作用
功能模块	LED灯 2个　舵机 1个　超声波模块 1个　主板 1块　扩展板 1块	LED灯:发光; 舵机:摆动; 超声波模块:测距; 主板、扩展板:提供电源,将不同功能模块连接在一起传递信息
木板	18孔大底板 1块　主板底座 1块　3×12长方形底板 2块　90°接件 4块　正方形舵机板 1块　舵机摆臂 1块　垫片 2块　6孔长条 1块　2孔条 3块	固定各功能模块
五金件	M3×10mm螺丝钉 13颗　M3×16mm螺丝钉 13颗　M3螺母 18颗　M3×15mm铜柱 4颗　M2膨胀螺丝 2颗　舵机螺丝钉 2颗	固定连接底板和连接件
命令组	舵机 管脚# 7　角度(0~180) 90　延时(ms) 3000	控制舵机摆动角度
	Serial 打印(自动换行) 超声波测距(cm) Trig# A1 Echo# A2　延时 ms 100	超声波串口检测

四、背景知识

招财猫(图 13-2)举左手表示招福,举右手则寓意招财,两只手同时举起,就代表"财"和"福"一起到来。招财猫胸前挂着的金铃,也有开运、招财、招福、缘起之意。不同颜色的招财猫代表了主人不同的愿望,表达了人类亘古不变的对幸福、美满、好运的希冀。

图 13-2 招财猫

招财猫的制作及应用起源于何时？有以下两种说法。一种说法认为，招财猫起源于中国唐代。唐代段成式在《酉阳杂俎》中写道："猫洗面过耳则客至"，招财猫的形象跃然纸上。由此可以确定，至少在 1000 多年前的唐代，中国民间就有招财猫了。

另一种说法认为，将招财猫作为招财纳福的吉祥物，其历史可以追溯到 400 多年前日本的江户时代。招财猫是日本传统文化中常见的猫型偶像摆设，有公猫、母猫之分，公猫举右手，象征招财进宝、开运致福；母猫举左手，象征广结善缘。在日本，店家摆放的多是母猫，因为日本人相信只要有人潮，基本上就会有钱潮。所以招财猫主要是指母猫。

五、操作指导

1. 搭建主体

(1) 将主板固定在底座上。将 4 颗 M3×10mm 螺丝钉对齐主板外围 4 个孔和主板底座的 4 个孔（留两边 7 个孔），用螺母拧紧（对齐主板底座的孔位），如图 13-3 所示。

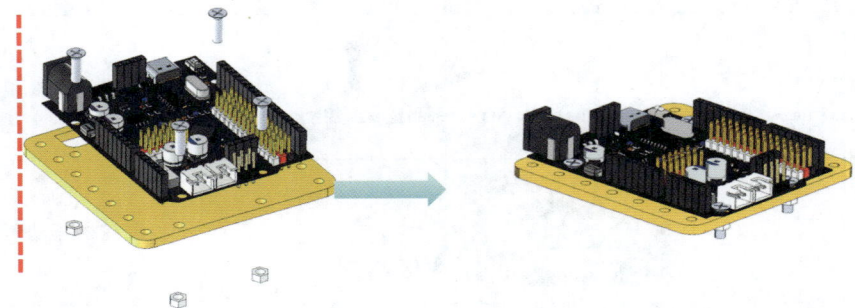

图 13-3　将主板固定在底座上

(2) 安装扩展板。将扩展板沿对应方向安装在主板上，如图 13-4 所示。

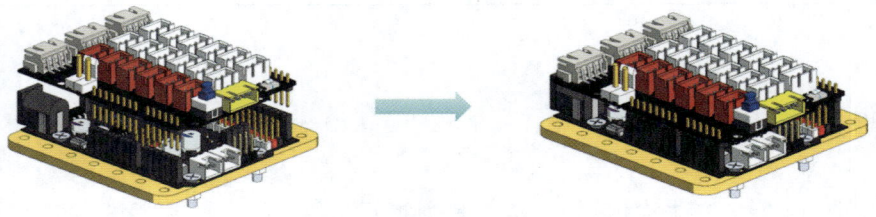

图 13-4　安装扩展板

(3) 安装螺丝钉和铜柱。先将 M3×10mm 螺丝钉从下往上安装在 18 孔大底板的 A1、A7、G1、G7 孔中，然后将 4 颗 M3×15mm 铜柱分别对应拧紧，如图 13-5 所示。

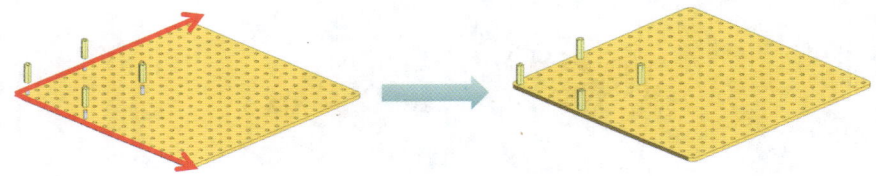

图 13-5　安装螺丝钉和铜柱

(4)主板就位。将刚做好的主板对齐 4 颗铜柱,然后用 M3×10mm 螺丝钉从主板底座 4 个角的孔位往下和铜柱拧紧(3 个 4pin 线插口朝外),如图 13-6 所示。

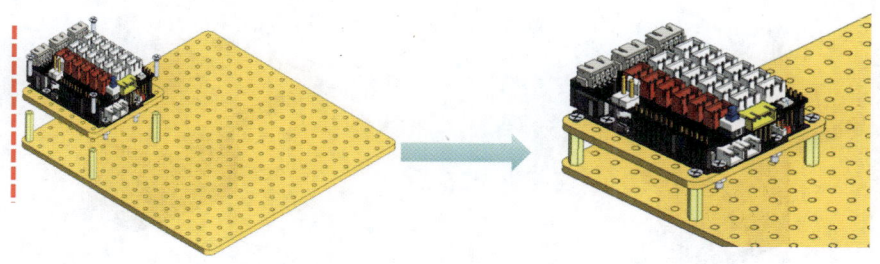

图 13-6　主板就位

(5)安装 LED 灯。先将 2 块 3mm×12mm 长方形底板竖向并排,将 4 颗 M3×16mm 螺丝钉穿过 2 个 LED 灯插口两边的孔(灯在下方),然后分别穿过竖接件最上面那排孔的第 1、第 3 个孔,最后将 6 孔长条横向穿过 4 颗螺丝钉(4 颗螺丝钉分别位于 6 孔长条的第 1、第 3、第 4、第 6 个孔),如图 13-7 所示。

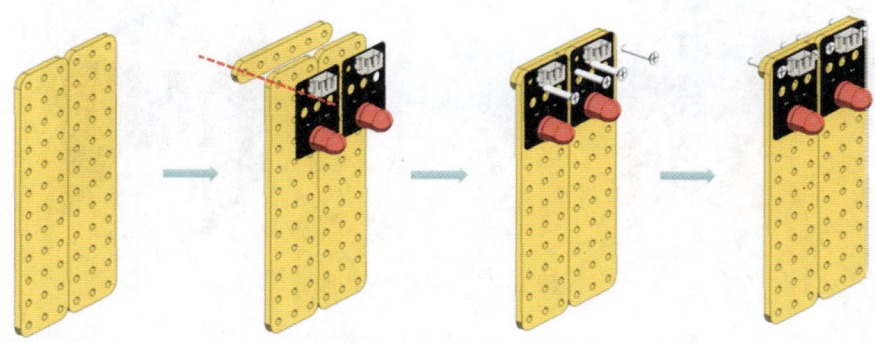

图 13-7　安装 LED 灯

(6)固定 LED 灯。在 6 孔长条上的第 1、第 4 颗螺丝钉后加上 1 块 2 孔条(剩二孔朝上),再分别用 M3 螺母与螺丝钉拧紧,如图 13-8 所示。

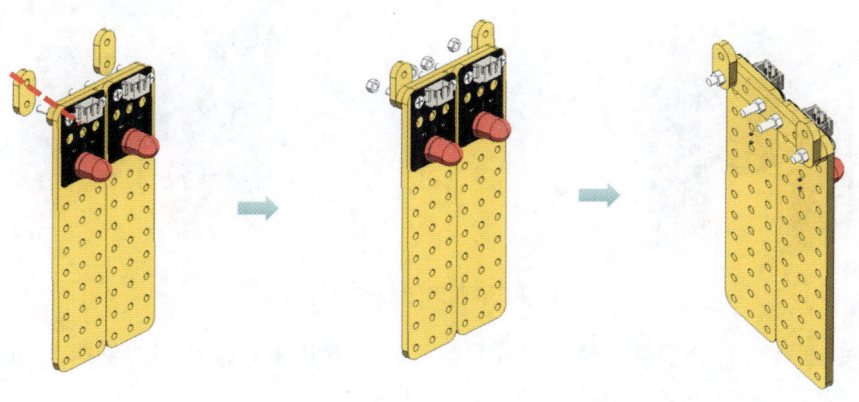

图 13-8　固定 LED 灯

(7)固定舵机。对好方向把正方形舵机板卡在舵机上,再将 2 颗 M2 膨胀螺丝穿过正方形舵机板中间的 2 个孔中,再穿过舵机两边的孔(舵机线朝自己),如图 13-9 所示。

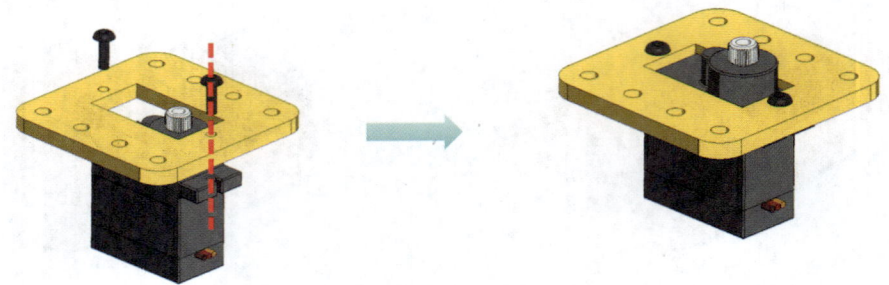

图 13-9　固定舵机

(8)卡紧 90°接件。将 2 块 90°接件向上插入正方形舵机上的第 1、第 3 个孔,然后将 2 颗 M3 螺母塞进竖向的卡位处,如图 13-10 所示。

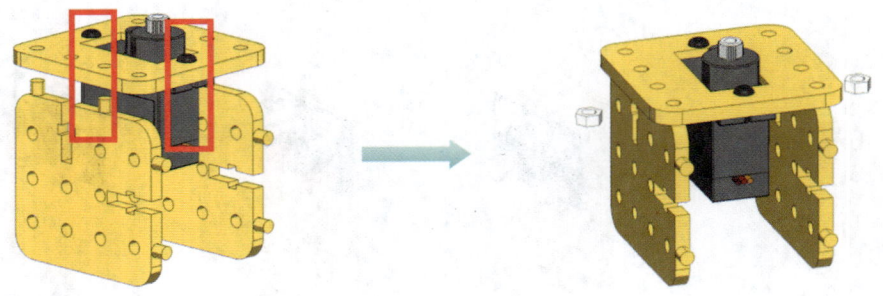

图 13-10　卡紧 90°接件

(9)固定 90°接件。将 2 颗 M3×16mm 螺丝钉安装在正方形舵机板左右两排孔的第 2 个孔中,与 90°接件中的 M3 螺母拧紧,如图 13-11 所示。

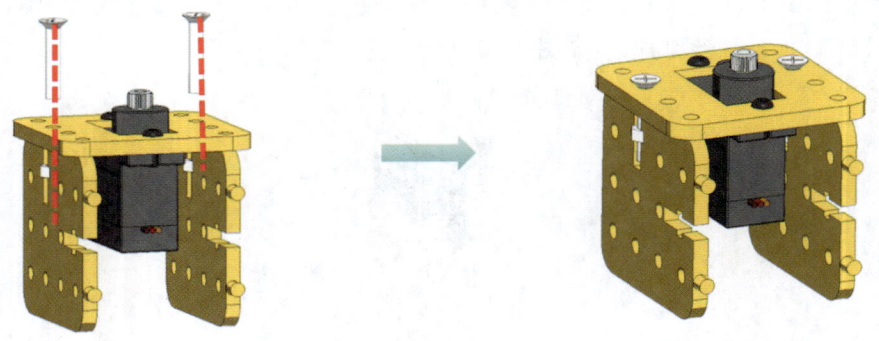

图 13-11　固定 90°接件

(10)安装摆臂。将 2 颗舵机螺丝钉先穿过舵机摆臂长条有大孔那边的第 1 和第 3 个孔,再穿进舵机摆臂左右两边第 3 个孔,如图 13-12 所示。

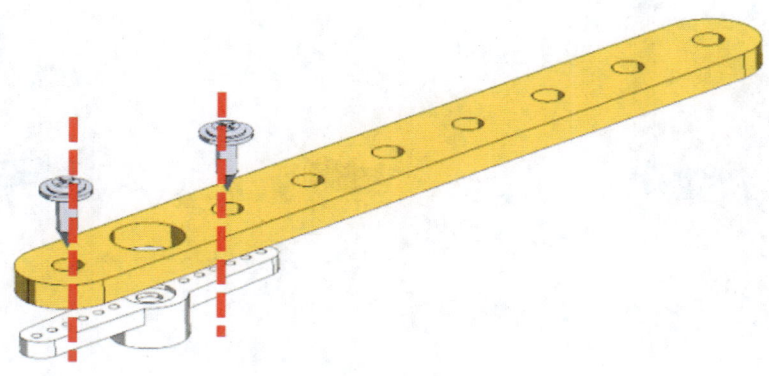

图 13-12　安装摆臂

（11）固定摆臂。将 M3×10mm 螺丝钉先穿过舵机摆臂长条另外一边的第 1 个孔，再穿过 2 孔条其中的一个孔，从下往上把 M3 螺母与螺丝钉拧紧，如图 13-13 所示。

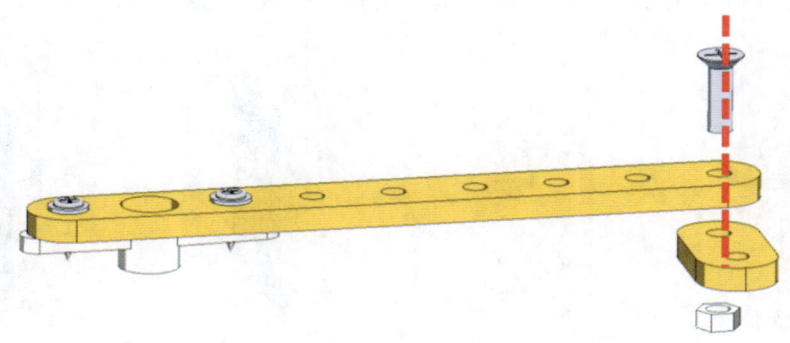

图 13-13　固定摆臂

（12）将摆臂装回舵机。将做好的舵机摆臂装回舵机上，如图 13-14 所示。

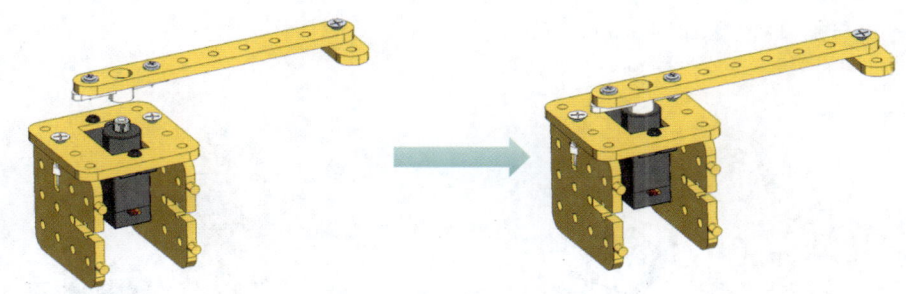

图 13-14　将摆臂装回舵机

（13）安装舵机。先将做好的舵机部分的卡位处对齐前面做好的板，位置固定在从左往右第 3 和第 5 排孔的第 2、第 5 个孔中，如图 13-15 所示。再将 M3 螺母塞进下方 90°接件的卡位，然后与从 LED 灯那边穿过板的 M6×16mm 螺丝钉拧紧。

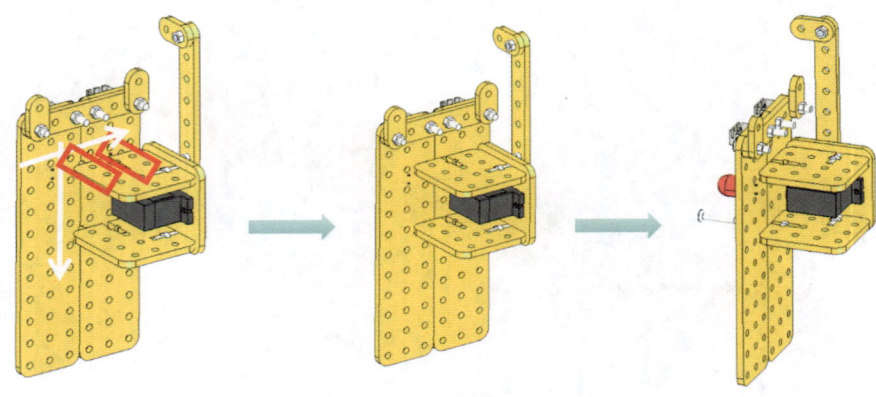

图 13-15 安装舵机

(14) 安装其他接件。先将 2 块 90°接件插进 3×12 长方形底板下左右两边从下往上的第 2、第 4 个孔中(另一边卡位朝下),再将 M3 螺母塞进横向的卡位处,用 M3×16mm 螺丝钉在 LED 灯方向从下往上的第 3 个孔中,与卡位中的螺母拧紧,如图 13-16 所示。

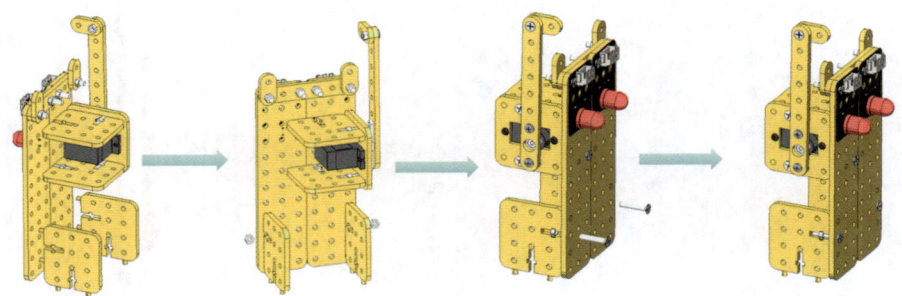

图 13-16 安装其他连接件

(15) 固定招财猫搭建件。先将招财猫搭建件装在 18 孔大底板上(LED 灯朝外),然后在两边竖接件竖向卡位处塞进 M3 螺母,再把 M3×16mm 螺丝钉从下往上穿过 18 孔大底板的 J7、J12 孔,并与螺母拧紧,如图 13-17 所示。

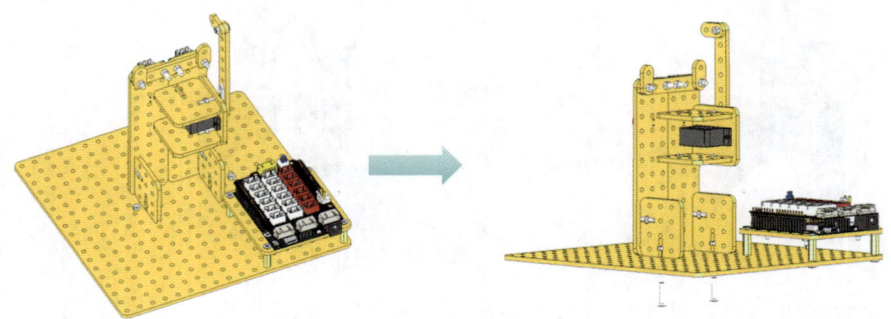

图 13-17 固定招财猫搭建件

(16) LED 灯和舵机接线。安装好后,直接将舵机线插在 D7 号端口,然后将 2 个 LED 灯接好 3pin 线,再分别插在 D8、D9 号端口,如图 13-18 所示。

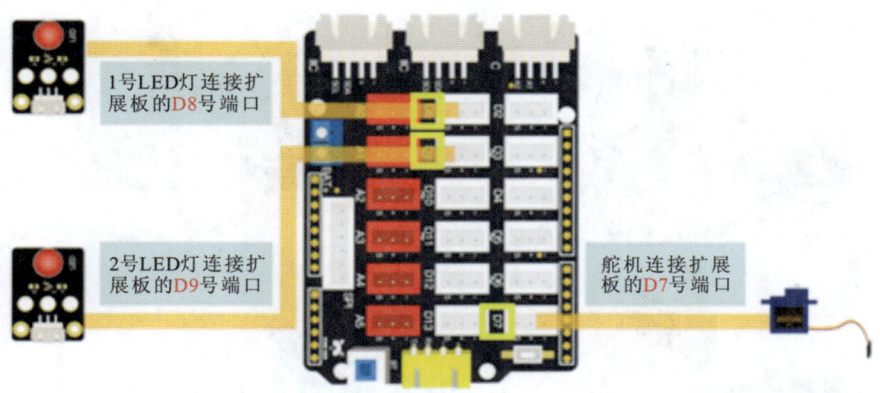

图 13-18　LED 灯和舵机接线

(17) 超声波模块接线。先将超声波模块接好 4pin 线，然后插上 A1、A2 号端口，再装上板，如图 13-19 所示。

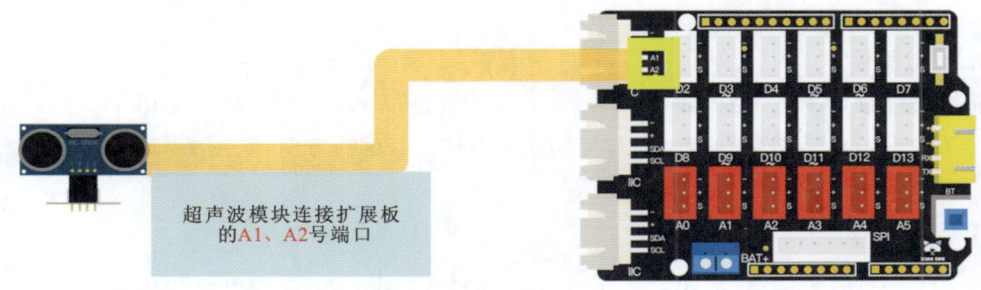

图 13-19　超声波模块接线

(18) 超声波传感器上板。先将 M3×10mm 螺丝钉从下往上穿过超声波传感器插口两边的孔，再穿过 2 块 2 孔条的孔，最后固定在 18 孔大底板处，与 LED 灯的方向一样，如图 13-20 所示。

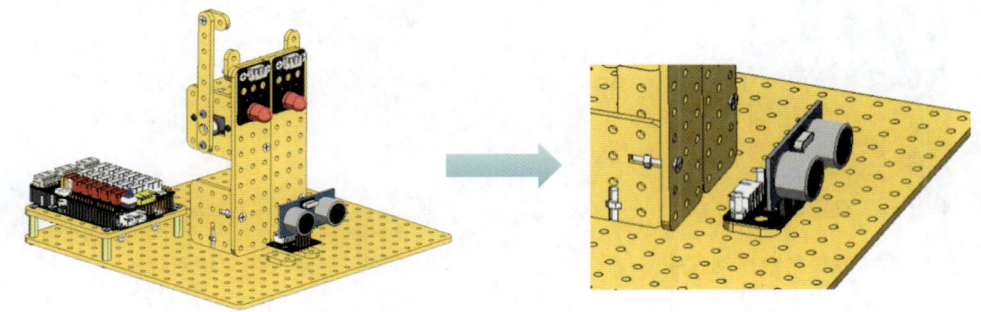

图 13-20　超声波传感器上板

(19) 固定超声波传感器。将 M3 螺母从上往下与螺丝钉拧紧，如图 13-21 所示。

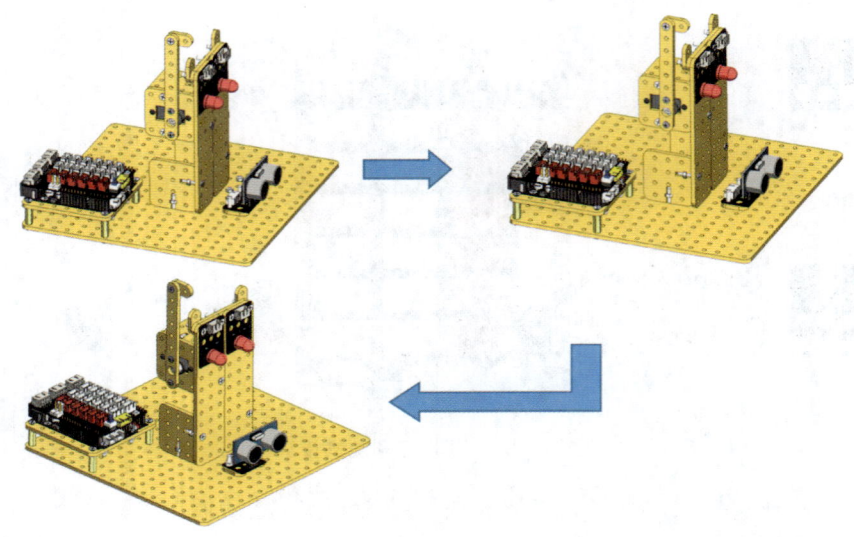

图 13-21 固定超声波传感器

2. 编制程序

舵机角度摆动程序(图 13-22):先转 90°,等待 3000ms 后;转 60°,等待 1000ms 后转向 120°;等待 1000ms 后重复执行。程序可以分辨出 0~180°的方向,如图 13-22 所示。

1)超声波串口检测

代码见图 13-23。

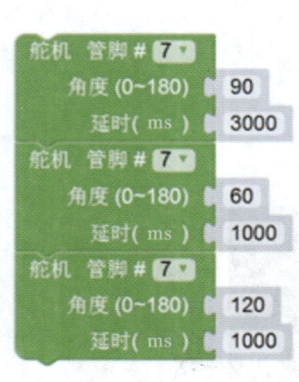

图 13-22 舵机角度摆动程序

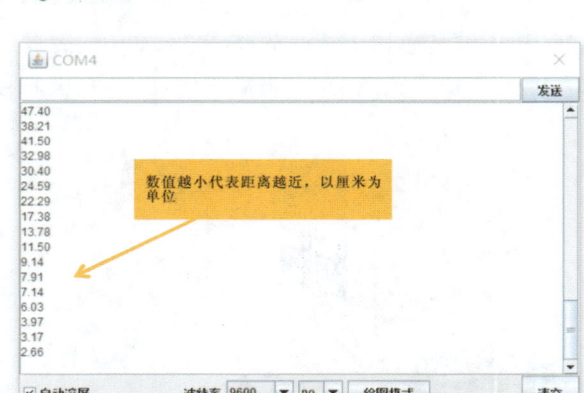

图 13-23 超声波串口检测代码

2)超声波控制舵机摆动

如果距离<10cm,舵机转 160°,800ms 后转 90°,再等待 400ms 重复执行,达到摆动效果。否则,舵机转 160°,然后不动,如图 13-24 所示。

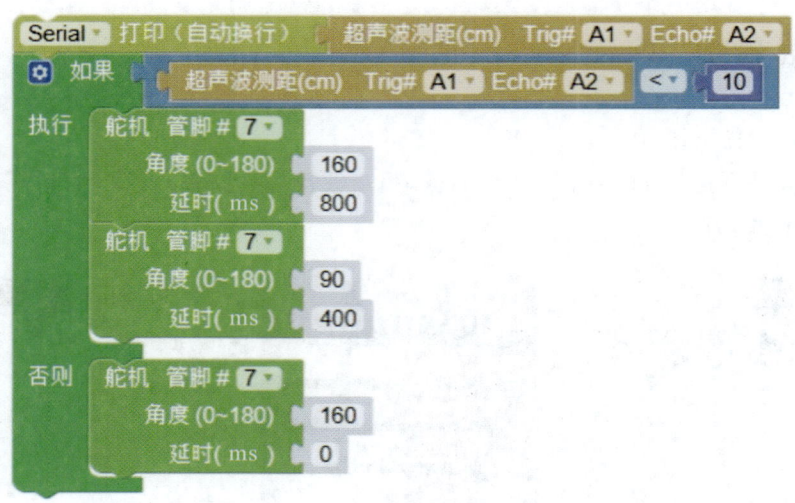

图 13-24　超声波控制舵机摆动的程序

六、项目评价

项目考核及评分标准见表 13-2。

表 13-2　项目评价表

班级			同组人	
姓名			工时	
日期			得分	

序号	考核项目	配分	评分标准	扣分	备注
1	主体搭建情况	35	①不能正确搭建木板、使用螺母,扣 15 分 ②不能正确连接功能模块,扣 15 分 ③不按规范使用工具,扣 5 分		
2	项目完成情况	45	①不会编写舵机角度摆动程序,扣 20 分 ②不会使用超声波串口检测代码,扣 20 分 ③不会保存程序并退出,扣 5 分		
3	上课状态	20	①上课玩手机、睡觉,扣 10 分 ②上课随意离开教室,扣 5 分 ③上课结束不整理座位,扣 5 分		

七、拓展创新

（1）搭建招财猫主体。

将 LED 灯分别连接 D8 号和 D9 号端口，超声波模块连接 A1、A2 端口，舵机安装在 D7 号端口，如图 13-25 所示。

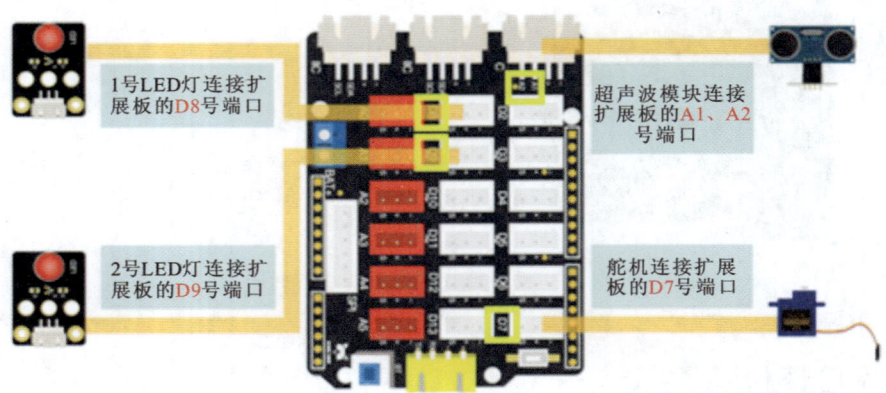

图 13-25　招财猫主体搭建

（2）编制 LED 灯闪烁程序。

如果超声波测距＜10cm，执行转 160°，延时 800ms；2 颗灯亮，转 90°，延时 400ms，2 颗灯灭；重复执行。否则，舵机转 160°，然后不动，2 颗灯不亮，如图 13-26 所示。

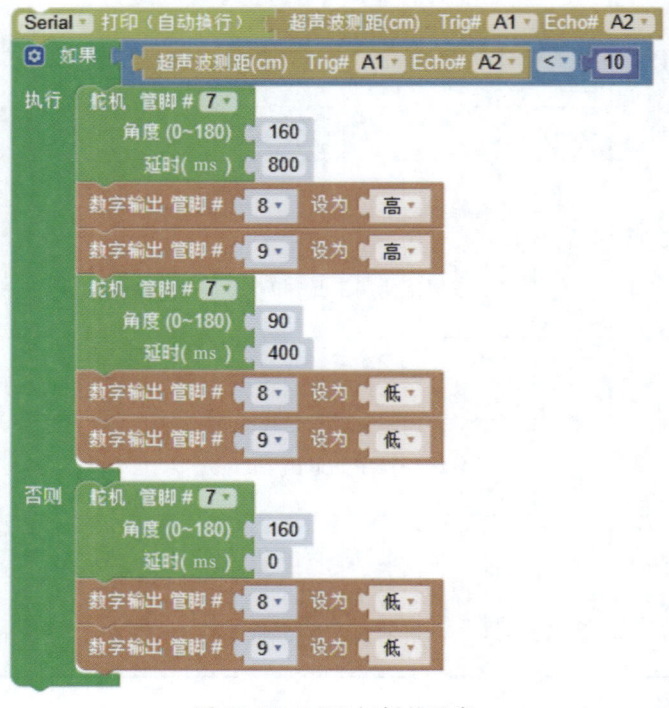

图 13-26　LED 闪烁的程序

项目十四　制作按钮转向灯

一、项目目标

（1）掌握按钮转向灯的制作方法，能搭建主体和编写程序。
（2）能利用 RGB 灯带编写脚本并实现闪烁的功能。
（3）理解通过程序来控制左右转向的按钮转向灯。

二、项目任务

1. 任务描述

本项目将制作一个按钮转向灯。按钮转向灯是通过按钮来控制左右转向的，在这个实例里我们将探讨如何运用 Mixly 程序来完成任务。

2. 任务流程图

本项目的任务流程如图 14-1 所示。

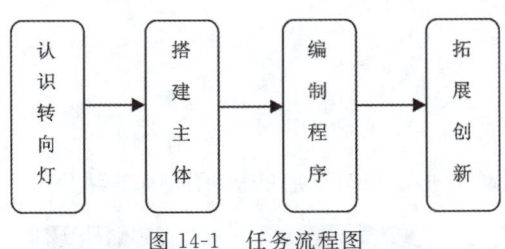

图 14-1　任务流程图

三、功能模块

学习本项目需要的材料和命令组见表 14-1。

表 14-1　材料及命令组

类型	名称				作用
功能模块	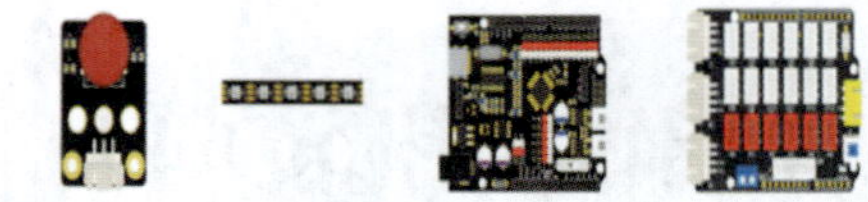 按钮模块 2个	RGB灯带1条 包含10个LED灯	主板 1块	扩展板 1块	当按下按钮后执行； RGB 灯带：发光； 主板、扩展板：提供电源，将不同功能模块连接在一起传递信息
木板	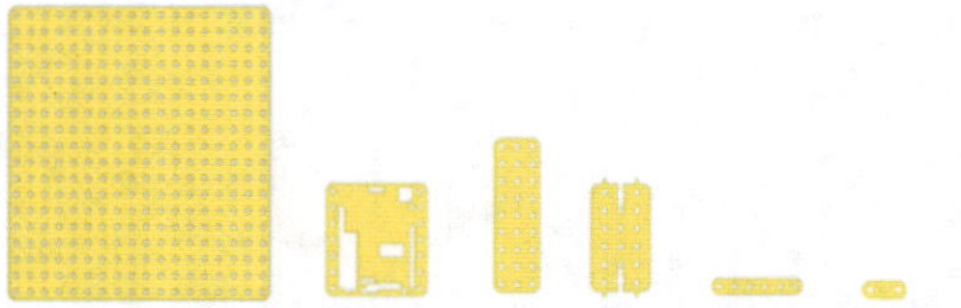 18孔大底板 1块	主板底座 1块	3×9长方形底板 2块　竖接件 　　　1块	6孔长条　2孔条 1块　　　4块	固定各功能模块
五金件	M3×10mm螺丝钉 24颗	M3×16mm螺丝钉 2颗	M3螺母 18颗	M3×15mm铜柱 4颗	固定连接底板和连接件
命令组	 RGB灯 管脚#6 灯数 10 RGB灯 管脚#6 亮度 30				控制灯数和亮度
	 RGB灯 管脚#6 灯号 i 颜色				按灯号，点亮对应的颜色

四、背景知识

转向灯(图 14-2)是机动车在转向时开启的提示周围车辆及行人注意的重要指示灯。

图 14-2　转向灯

转向灯灯管采用氙气灯管,由单片机控制电路,左右轮换频闪不间断工作。

工作原理:转向灯采用闪光器,如弹跳式闪光器,利用电流热效应,以热胀冷缩为动力,使弹簧片产生突变动作,来接通和断开触点,实现灯光的闪烁。主要可分为阻丝式、电容式和电子式3种。

汽车转向灯:往下打是转左,往上打是转右,如图14-3。

图14-3 转向灯开关

五、操作指导

1. 搭建主体

(1)将主板固定在底座上。将4颗M3×10mm螺丝钉对齐主板外围4个孔和主板底座的4个孔(留两边7个孔),用螺母拧紧(对齐主板底座的孔位),如图14-4所示。

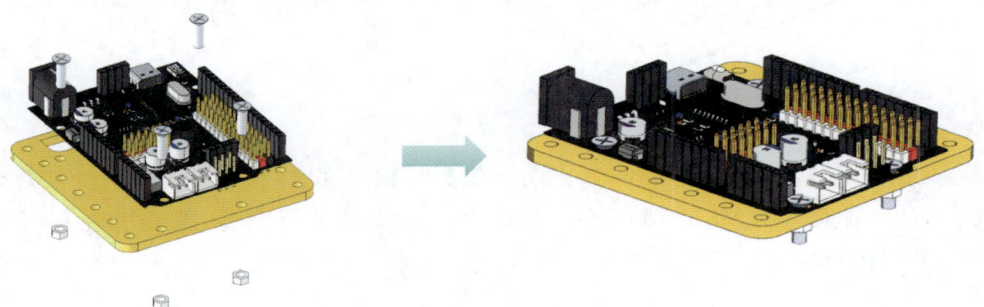

图14-4 将主板固定在底座上

(2)安装扩展板。将扩展板沿对应方向安装在主板上,如图14-5所示。

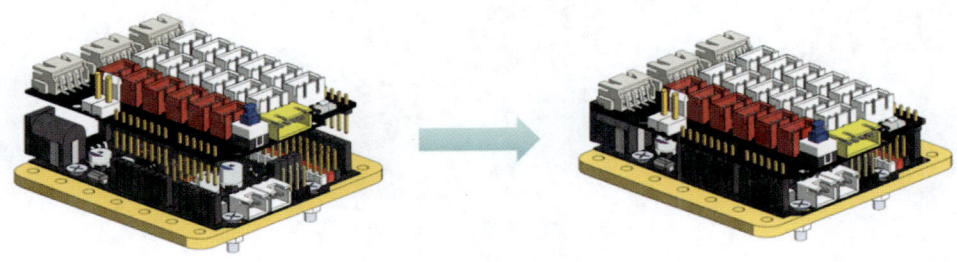

图14-5 安装扩展板

(3)安装螺丝钉和铜柱。先将底部的 4 颗 M3×10mm 螺丝钉从下往上穿过 18 孔大底板,然后将 4 颗 M3×15mm 铜柱分别对应拧紧。M3×10mm 螺丝钉安装在 A1、A7、G1、G7 孔中,如图 14-6 所示。

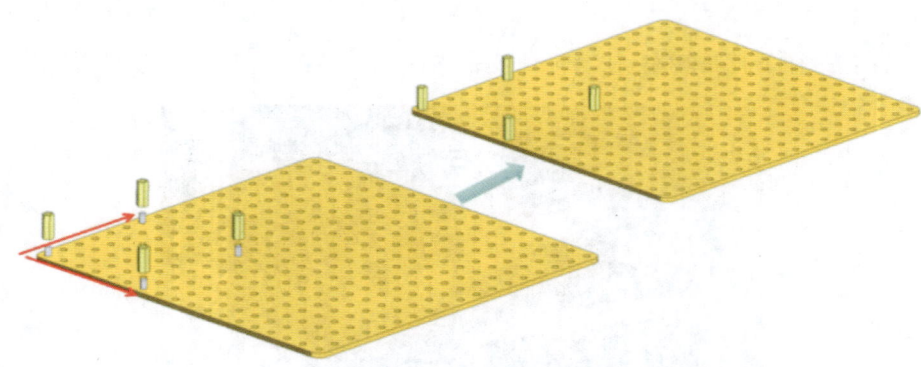

图 14-6 安装螺丝钉和铜柱

(4)主板就位。将刚做好的主板对齐 4 颗铜柱,然后用 M3×10mm 螺丝钉从主板底座 4 个角的孔位往下和铜柱拧紧(3 个 4pin 线插口朝外),如图 14-7 所示。

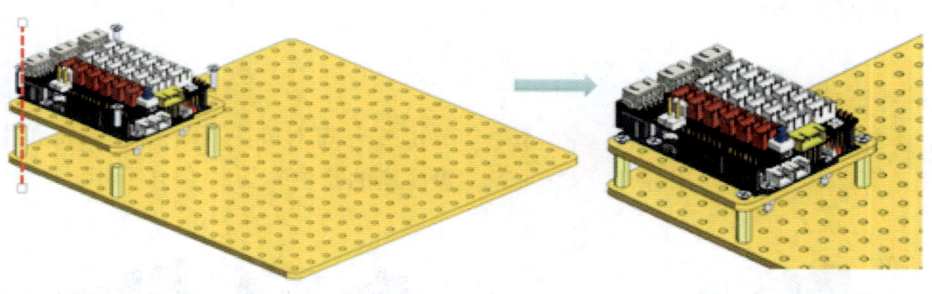

图 14-7 主板就位

(5)安装长方形底板。将 2 块 3×9 长方形底板打横接在一起,在第一排的接位处放置 6 孔长条(每边 3 个孔),用 M3×10mm 螺丝钉先穿过 3×9 长方形底板中间线往左右两边的第 1、第 3 个孔后再穿过 6 孔长条第 1、第 3、第 4、第 6 个孔,用 M3 螺母与螺丝钉拧紧,如图 14-8 所示。

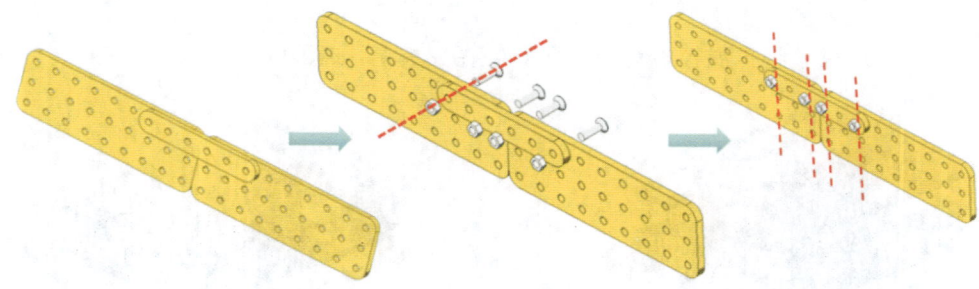

图 14-8 安装长方形底板

(6)安装竖接件。把竖接件放置在螺母那边,使竖接件第1排孔与3×9长方形底板的第3排孔重叠(跨过中间线),在其中一边的前方放置1个竖向2孔条,将M3×16mm螺丝钉穿过2孔条下面的孔,再穿过其中1块3×9长方形底板对应的孔和竖接件的孔,并用螺母拧紧。另外,M3×10mm螺丝钉穿过另外1块3×9长方形底板右下角的孔和竖接件的孔后用螺母拧紧,如图14-9所示。

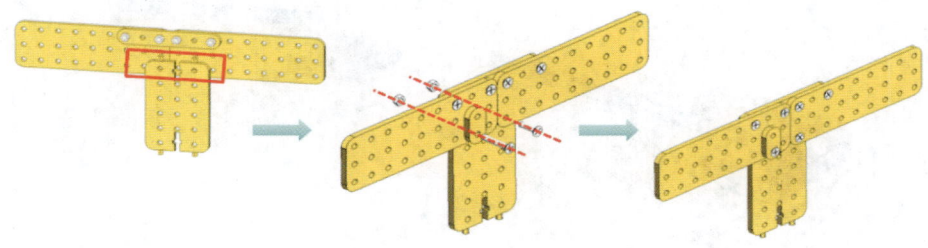

图14-9 安装竖接件

(7)安装RGB灯带。将RGB灯带放在前面(2孔条在前,一边5颗灯),把灯带卡在2孔条里固定一下位置,如图14-10所示。

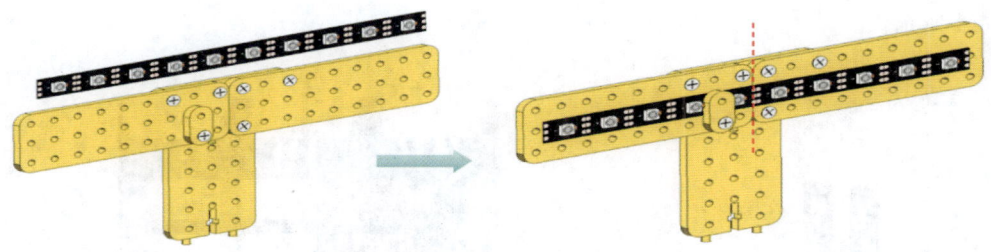

图14-10 安装RGB灯带

(8)加固RGB灯带。将3块2孔条按每相隔4个孔位的方式来放置并且使之平齐,然后用M3×10mm螺丝钉穿过3块2孔条下方的孔,再穿过3×9长方形底板,并用M3螺母与螺丝钉拧紧,如图14-11所示。

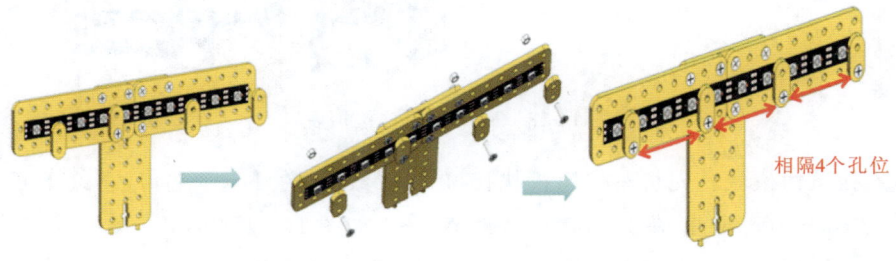

图14-11 加固RGB灯带

(9)安装 RGB 灯带架。先将做好的 RGB 灯带架插在 18 孔大底板的 J8、J10 孔中,再把 M3 螺母塞进竖接件下方的卡位处,然后把 M3×16mm 螺丝钉从下往上穿过 18 孔大底板的 J9 孔后与螺母拧紧,如图 14-12 所示。

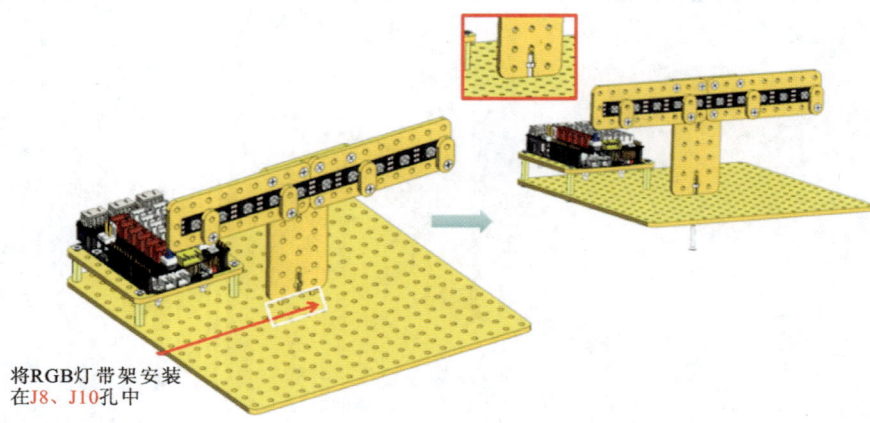

图 14-12　安装 RGB 灯带架

(10) RGB 灯带连接扩展板。将安装好并且接好 3pin 线的 RGB 灯带插在 D6 号端口,如图 14-13 所示。

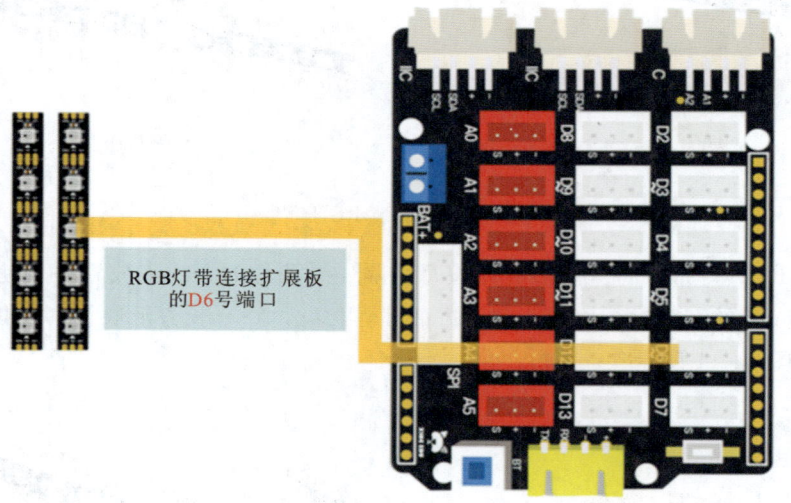

图 14-13　RGB 灯带连接扩展板

(11)连接按钮模块。先将左按钮模块接好 3pin 线,插在 D5 号端口,再装上板。然后将右按钮模块接好 3pin 线,插在 D7 号端口,也装上板,如图 14-14 所示。

(12)固定按钮模块。先把 M3×10mm 螺丝钉从上往下穿过按钮插口两边的孔,再穿过 18 孔大底板。把 M3 螺母从下往上与螺丝钉拧紧,如图 14-15 所示。

(13)按钮转向灯主体搭建完成,如图 14-16 所示。

项目十四　制作按钮转向灯

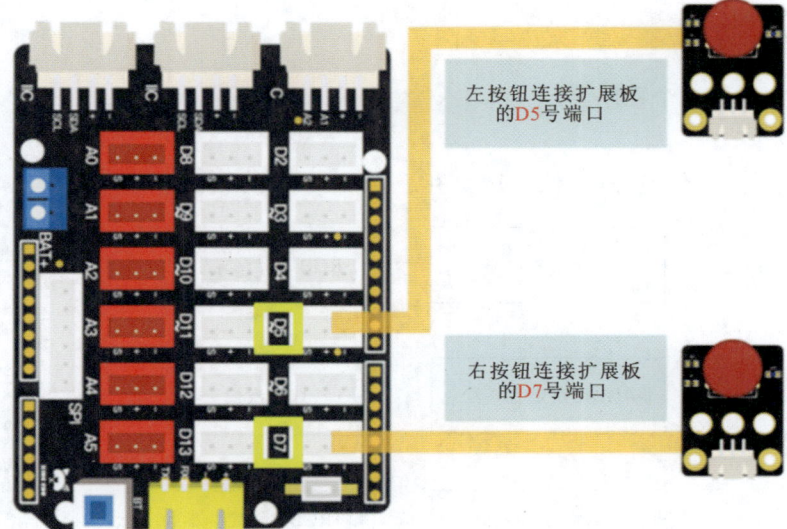

图 14-14　连接按钮模块

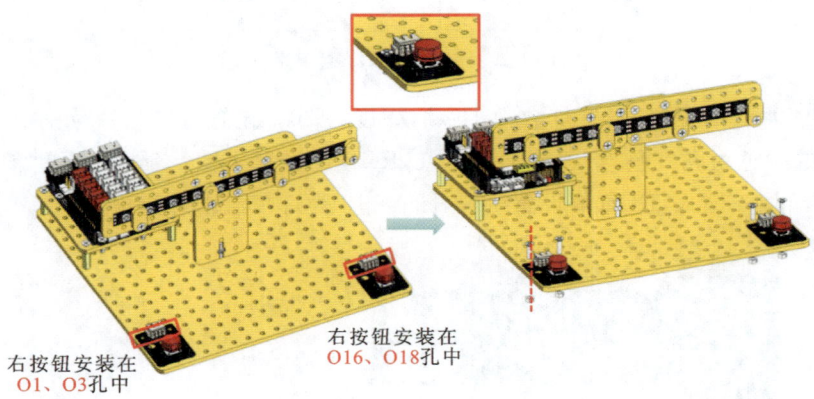

图 14-15　按钮模块固定

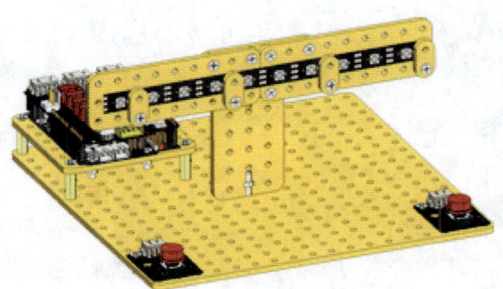

图 14-16　按钮转向灯主体搭建完成

2. 编制程序

下面我们将编制 3 个程序。

1) 灯带流水灯

(1) 灯带流水灯工作流程如图 14-17 所示。

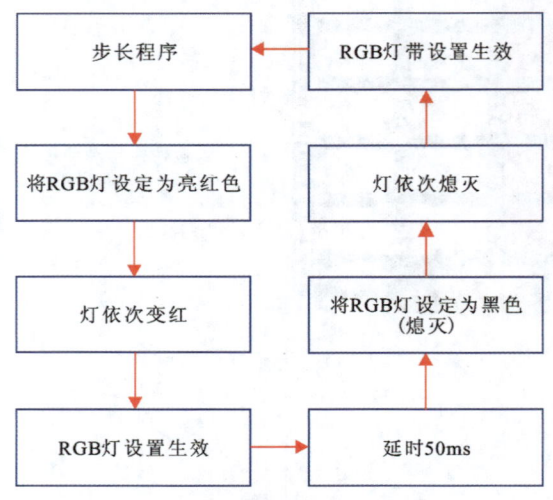

图 14-17　灯带流水灯工作流程

(2) 灯带流水灯的程序：设置灯数为 10 颗，亮度为 30。设置灯的号数范围（1～10）内步长为 1，设置灯的颜色为亮红色，灯逐渐加 1 变红，RGB 灯设置生效。延时 50ms，然后设置灯灭（黑色），灯逐渐加 1 熄灭，RGB 灯设置生效，图 14-18 为灯带流水灯的程序。

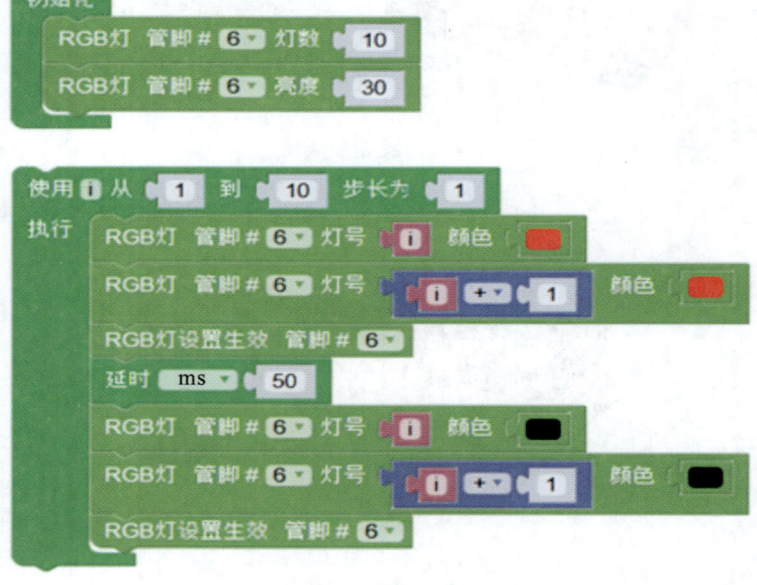

图 14-18　灯带流水灯的程序

2)往复流水灯

(1)往复流水灯工作流程如图 14-19 所示。

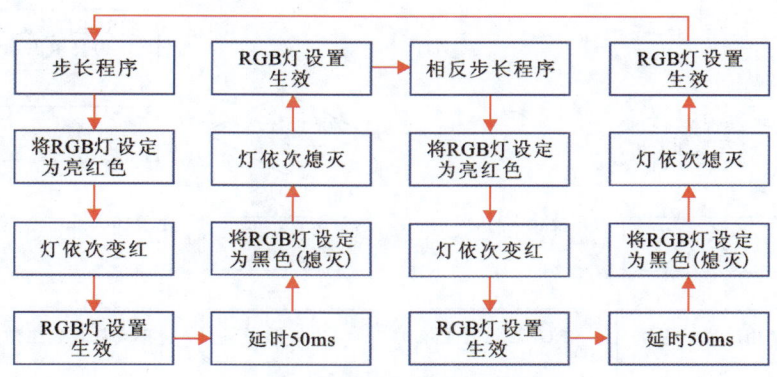

图 14-19　往复流水灯工作流程

(2)往复流水灯的程序：设置灯数为 10 颗，亮度为 30。设置灯的号数范围(1～10)内步长为 1，设置灯的颜色为亮红色，灯逐渐加 1 变红，RGB 灯设置生效。延时 50ms，然后设置灯灭(黑色)，灯逐渐加 1 熄灭，RGB 灯设置生效。设置灯的号数范围(1～10)内步长为－1，设置灯的颜色为亮红色，灯逐渐加 1 变红色，RGB 灯设置生效。延时 50ms，然后设置灯灭(黑色)，灯逐渐加 1 熄灭，RGB 灯设置生效，图 14-20 为往复流水灯的程序。

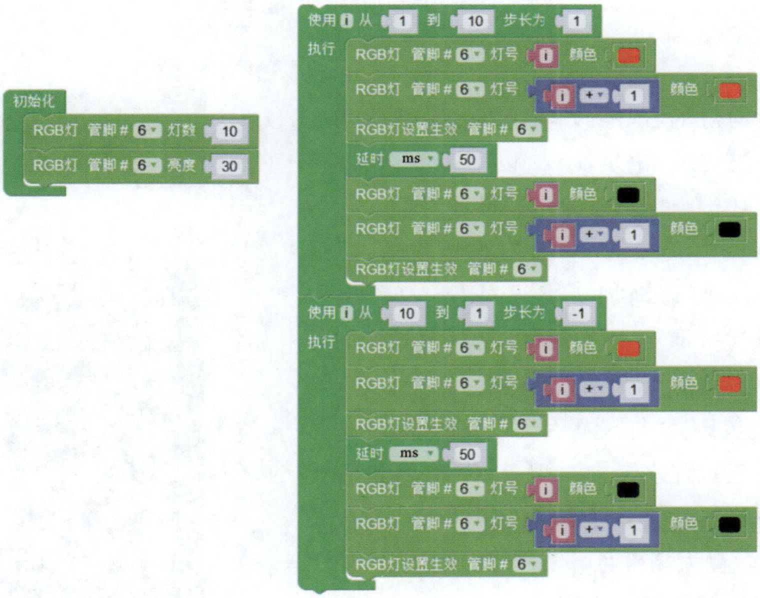

图 14-20　往复流水灯的程序

3)按钮转向灯

(1)按钮转向灯工作流程如图 14-21 所示。

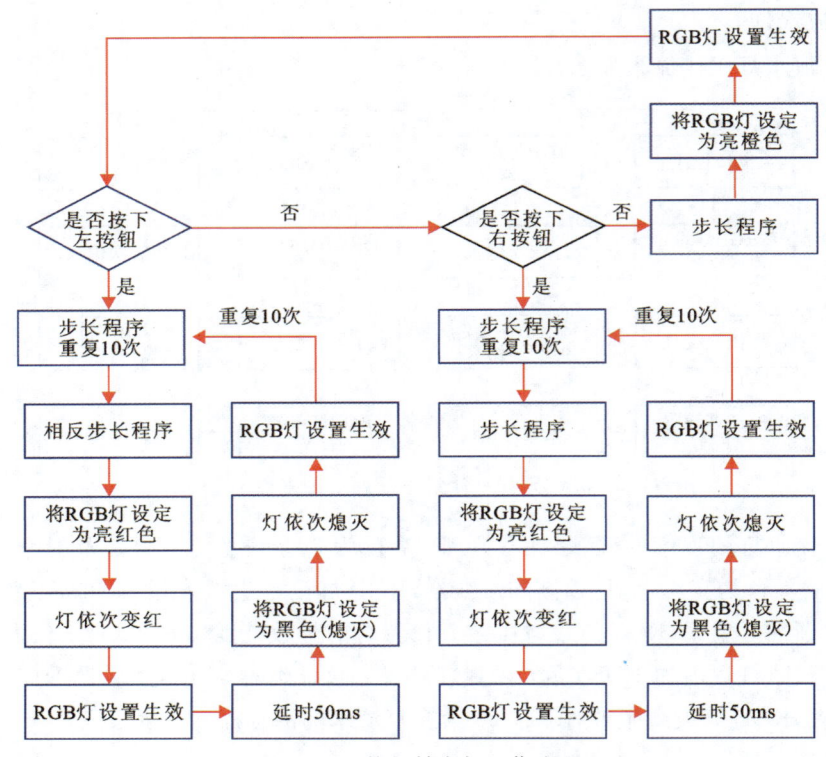

图 14-21　按钮转向灯工作流程

(2)按钮转向灯的程序:设置灯数为 10 颗,亮度为 30。按下左按钮时,重复 10 次以下步骤:设置灯的号数范围(−10∼−1)步长为−1,设置灯的颜色为亮红色,灯逐渐加 1 变红色,RGB 灯设置生效,然后设置灯灭(黑色),灯逐渐加 1 熄灭,RGB 灯设置生效。按下右按钮时,重复 10 次以下步骤:设置灯的号数范围(1∼10)步长为 1,设置灯的颜色为亮红色,灯逐渐加 1 变红色,RGB 灯设置生效。延时 50ms,然后设置灯灭(黑色),灯逐渐加 1 熄灭,RGB 灯设置生效。若没按下按钮:设置灯的号数范围(1∼10)步长为 1,设置灯的颜色为亮橙色,RGB 灯设置生效,如图 14-22 所示为按钮转向灯的程序。

六、项目评价

项目考核及评分标准见表 14-2。

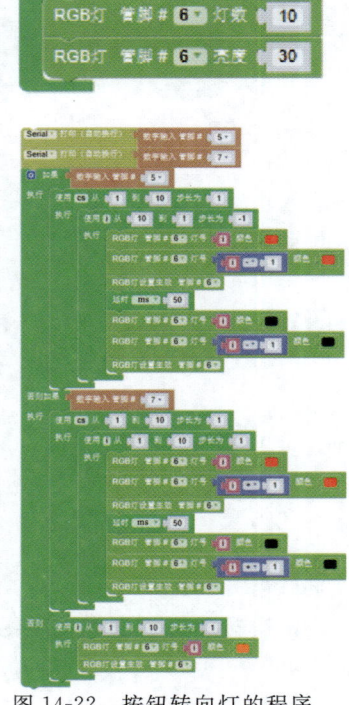

图 14-22　按钮转向灯的程序

表14-2 项目评价表

班级		同组人	
姓名		工时	
日期		得分	

序号	考核项目	配分	评分标准	扣分	备注
1	主体搭建情况	25	①不能正确搭建木板、使用螺母,扣10分 ②不能正确连接功能模块,扣10分 ③不按规范使用工具,扣5分		
2	项目完成情况	55	①不会编写灯带流水灯的程序,扣10分 ②不会编写往复流水灯的程序,扣10分 ③不会编写按钮转向灯的程序,扣10分 ④未能在规定时间内完成项目,扣10分 ⑤下课未能及时上交完整作业,扣10分 ⑥不会保存程序并退出,扣5分		
3	上课状态	20	①上课玩手机、睡觉,扣10分 ②上课随意离开教室,扣5分 ③上课结束不整理座位,扣5分		

七、拓展创新

左转向灯如何设置程序?

按下左按钮时,重复10次以下步骤:设置灯的号数范围(-10~-1)步长为-1,将灯的颜色设置为亮红色,灯逐渐加1变红,RGB灯设置生效。延时50ms,然后设置灯灭(黑色),灯逐渐加1熄灭,RGB灯设置生效。

项目十五 制作计时器

一、项目目标

(1) 掌握计时器的制作方法,能搭建主体和编写程序。
(2) 能利用 LCD1602 显示屏编写脚本,通过按钮实现计时功能。
(3) 理解如何通过程序来控制计时器。

二、项目任务

1. 任务描述

本项目制作一个可以自动计时的计时器,可以测试你在计时时数数的速度是否合适,数数是否正确。在这个实例里我们将探讨如何运用 Mixly 程序完成任务。

2. 任务流程图

本项目的任务流程如图 15-1 所示。

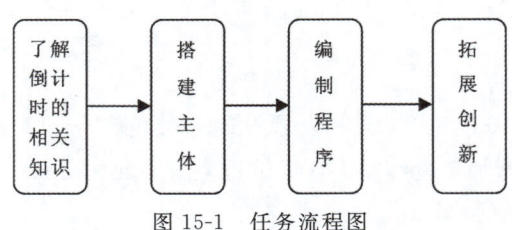

图 15-1 任务流程图

三、功能模块

学习本项目需要的材料和命令组见表 15-1。

表 15-1　材料及命令组

类型	名称					作用
功能模块	按钮模块 2个	LED灯 1个	LCD1602显示屏 1块	主板 1块	扩展板 1块	按钮：按下后执行命令；LCD1602显示屏：显示数字和字母；主板、扩展板：提供电源，将不同功能模块连接在一起传递信息
木板	18孔大底板 1块		主板底座 1块		显示屏固件架 1个	固定各功能模块
五金件	M3×10mm螺丝钉 28颗		M3螺母 12颗		M3×15mm铜柱 8颗	固定连接底板和连接件
命令组	声明 item 为 整数 并赋值					声明并初始化一个变量
	shi 赋值为					设置一个变量，以使它和输入值相等
	重复 满足条件 真 执行					重复执行满足条件，只要为真，执行一些语句
	跳出 循环					中断包含它的循环

四、背景知识

"倒计时"来源于1927年德国的幻想故事片《月球少女》。在这部影片中，导演弗里兹为了增加艺术效果，让影片更加扣人心弦，在火箭发射的镜头里设计了"10、9、8、7、6、5、4、3、2、1"再点火的发射程序。这个程序得到火箭专家们的一致赞许，认为它准确、清楚、科学地突出火箭发射的时间越来越少，使在火箭发射前人们产生紧迫感。此后"倒计时"被普遍采用，而且超越了之前的使用范围，成为一个适用性极强、适用范围极广的词语。

五、操作指导

1. 搭建主体

(1)将主板固定在底座上。将 4 颗 M3×10mm 螺丝钉对齐主板外围 4 个孔和主板底座的 4 个孔(留两边 7 个孔),用螺母拧紧(对齐主板底座的孔位),如图 15-2 所示。

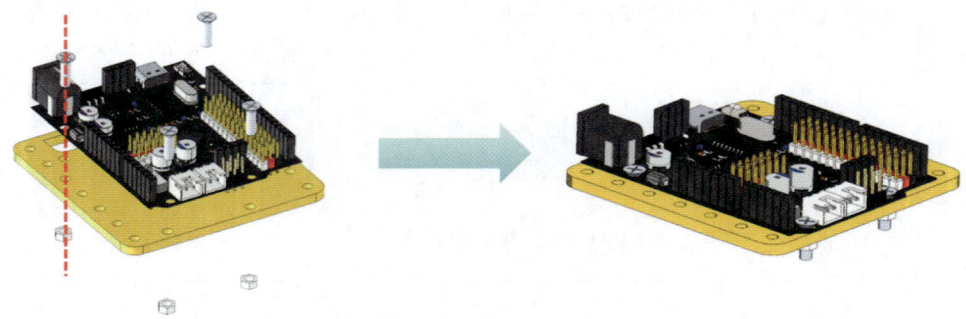

图 15-2　将主板固定在底座上

(2)安装扩展板。将扩展板沿对应方向安装在主板上,如图 15-3 所示。

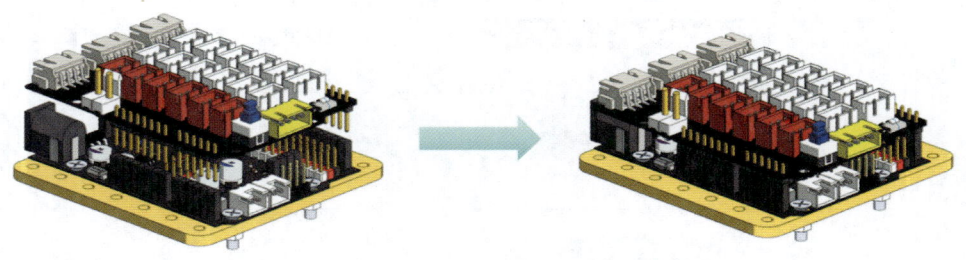

图 15-3　安装扩展板

(3)安装螺丝钉和铜柱。先将底部的 4 颗 M3×10mm 螺丝钉从下往上穿过 18 孔大底板,然后将 4 颗 M3×15mm 铜柱分别对应拧紧。M3×10mm 螺丝钉安装在 A1、A7、G1、G7 孔中,如图 15-4 示。

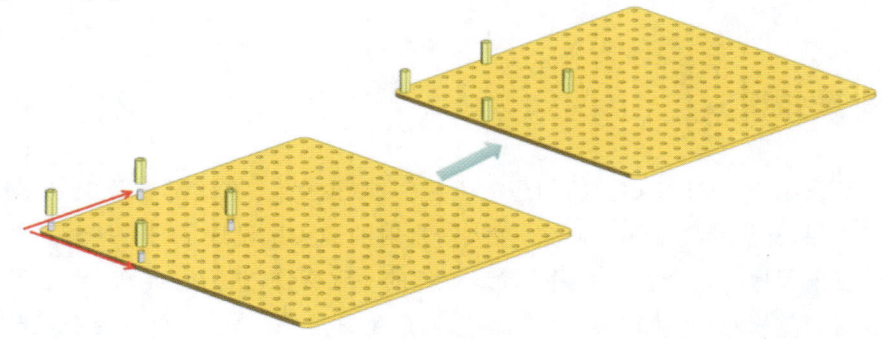

图 15-4　安装螺丝钉和铜柱

(4)主板就位。将刚做好的主板对齐 4 颗铜柱,然后用 M3×10mm 螺丝钉从主板底座 4 个角的孔位往下和铜柱拧紧(3 个 4pin 线插口朝外),如图 15-5 所示。

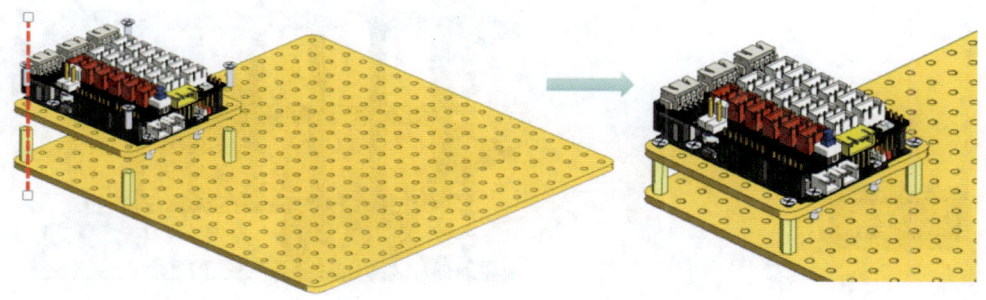

图 15-5　主板就位

(5)安装固件架。将 LCD1602 显示屏和显示屏固件架按方向卡好。然后将 4 颗 M3×10mm 螺丝从后面先穿过 LCD1602 显示屏 4 个角的孔,再穿过显示屏固件架 4 个角的第 2 个孔,最后从前面用 M3 螺母分别与螺丝钉拧紧,如图 15-6 所示。

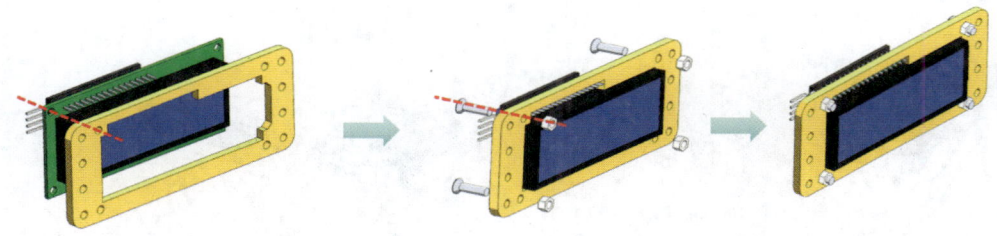

图 15-6　显示屏固件架安装

(6)安装 M3×15mm 铜柱。将 2 颗 M3×10mm 螺丝钉分别从前面穿过显示屏固件架两边下方的第 1、第 2 个孔,再从后面用 M3×15mm 铜柱分别与螺丝钉拧紧,如图 15-7 所示。

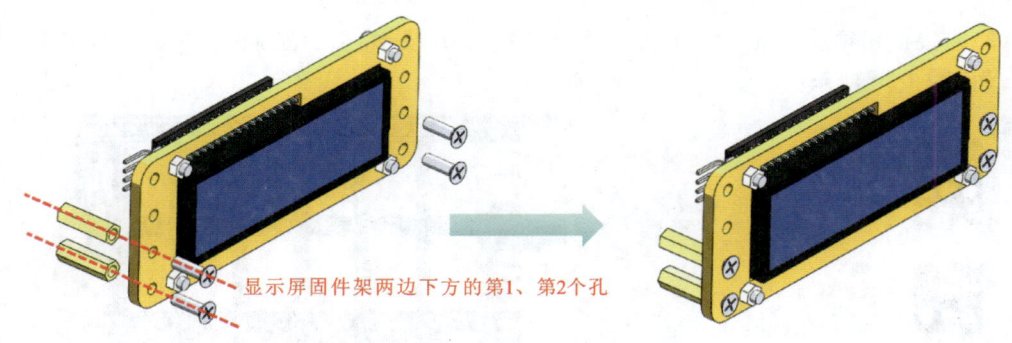

图 15-7　安装 M3×15mm 铜柱

(7)连接 1602 显示屏。先将 1602 显示屏接好 4pin 线,然后插上 SDA、SCL 号端口,再装上板,如图 15-8 所示。

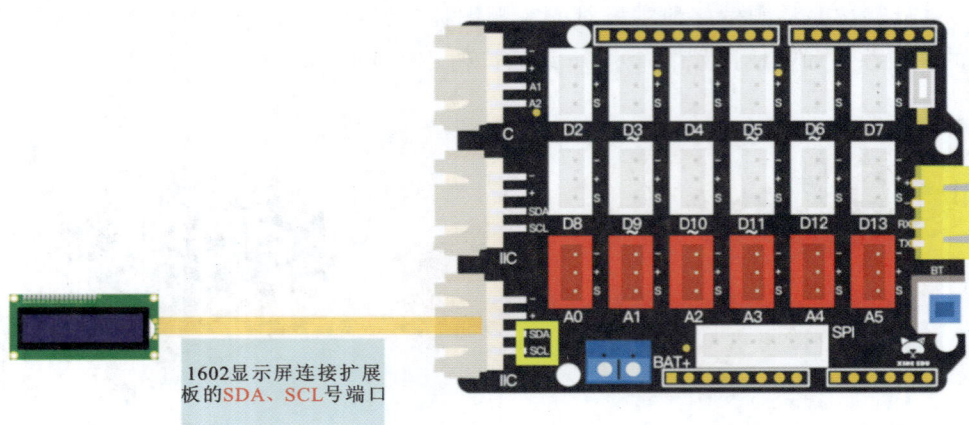

图 15-8　连接 1602 显示屏

（8）固定固件架。主板方向在左上角，将 4 颗 M3×10mm 螺丝钉分两边从下往上穿过 18 孔大底板主板的 H9、H18、I9、I18 孔。然后将做好的显示屏固件架上的铜柱与螺丝钉拧紧，如图 15-9 所示。

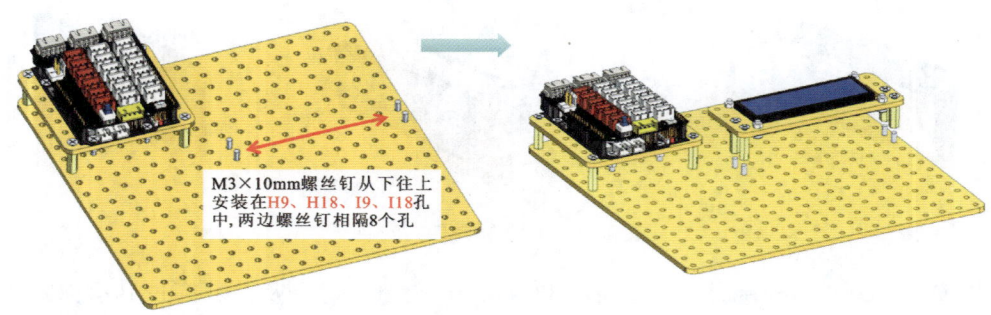

图 15-9　固件架固定

（9）连接按钮模块。先将 2 个按钮模块接好 3pin 线，然后分别插上 D6、D7 号端口，再装上板，如图 15-10 所示。

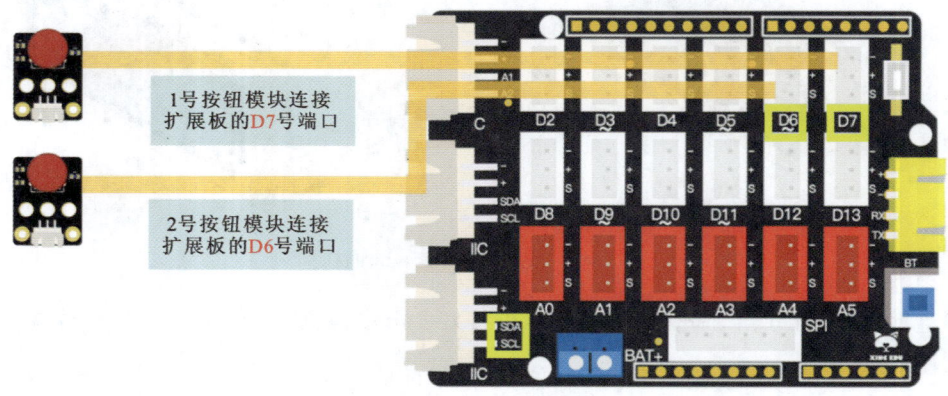

图 15-10　连接按钮模块

(10) 安装按钮模块。先将 4 颗 M3×10mm 螺丝钉分别穿过 2 个按钮插口两边的孔中，再分别穿过 18 孔大底板，再从下往上将 M3 螺母与螺丝钉拧紧，如图 15-11 所示。

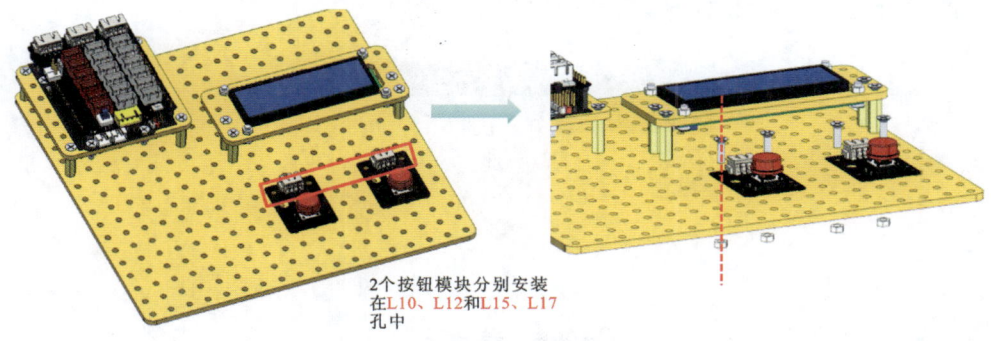

2个按钮模块分别安装在L10、L12和L15、L17孔中

图 15-11 安装按钮模块

(11) 主体搭建完成情况见图 15-12。

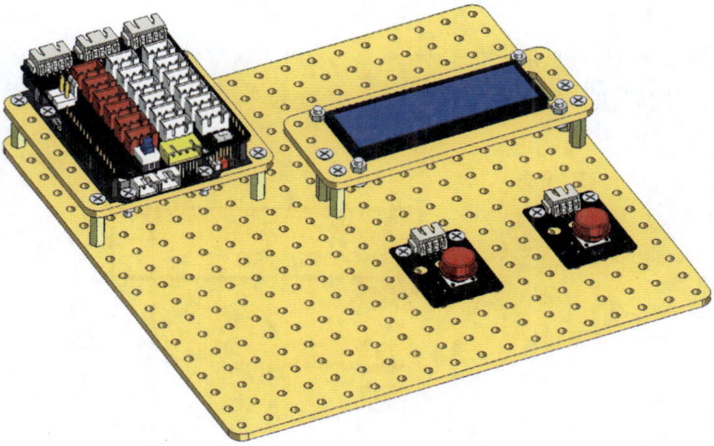

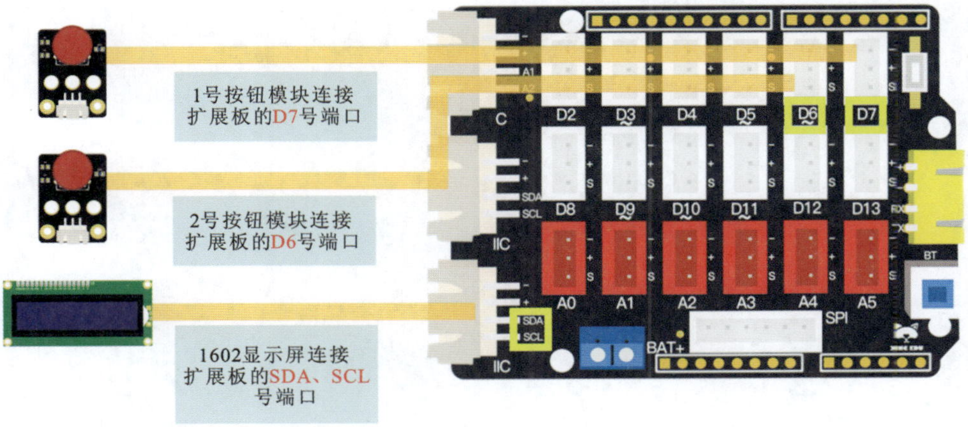

1号按钮模块连接扩展板的D7号端口

2号按钮模块连接扩展板的D6号端口

1602显示屏连接扩展板的SDA、SCL号端口

图 15-12 默念计时器主体

— 159 —

2. 编制程序

1）按钮检测

按钮串口检测，如图 15-13 所示。

图 15-13　按钮串口检测

2）1602 显示屏显示计时变量

(1) 认识"声明"代码块。"声明"代码块位于"变量"模块中，它的作用是声明并初始化一个变量，如图 15-14 所示。

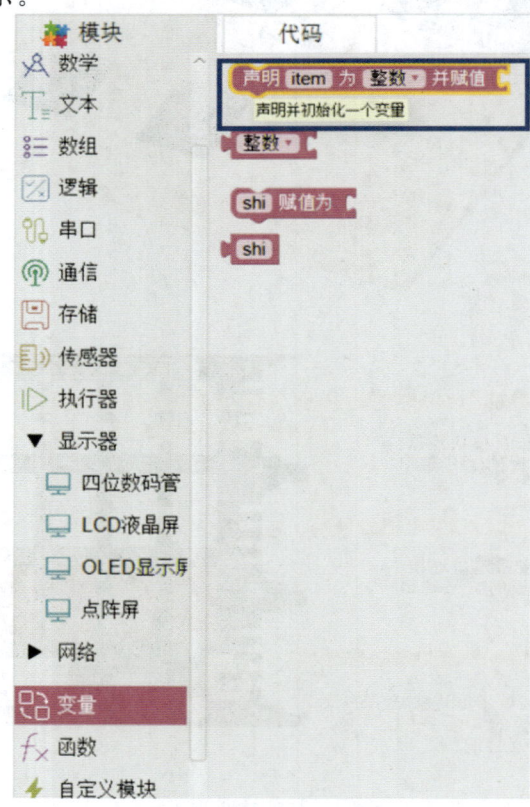

图 15-14　"声明"代码块

(2)认识"赋值"代码块。

"赋值"代码块位于"变量"模块中,它的作用是设置此变量,以使它和输入值相等,如图 15-15 所示。

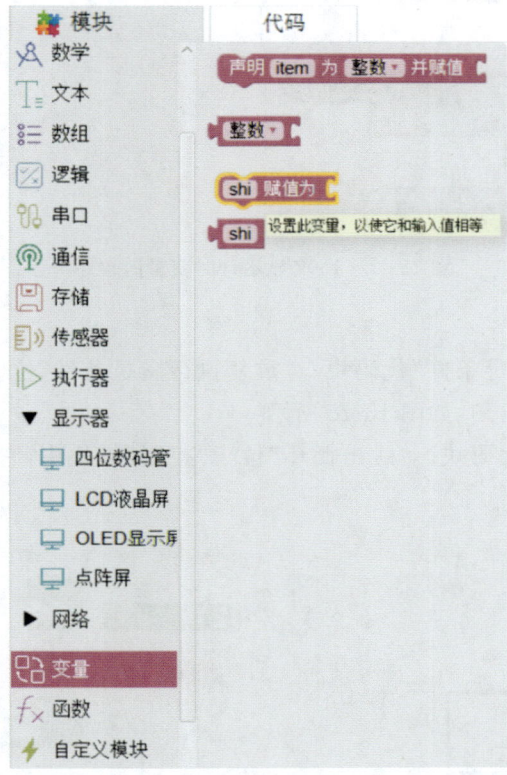

图 15-15 "赋值"代码块

(3)1602 显示屏显示计时变量的程序。

初始化液晶屏,声明 shi 为整数,显示屏第一行显示 shijian,第二行显示 shi,延时 990ms,shi 赋值(shi 赋值有加法运算的脚本)为(shi+1)。图 15-16 为 1602 显示屏显示计时变量的工作过程图,图 15-17 为 1602 显示屏显示计时变量的程序。

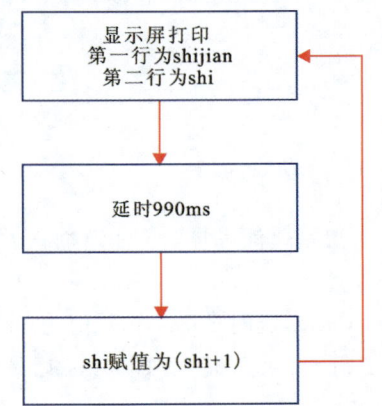

图 15-16 1602 显示屏显示计时工作过程图

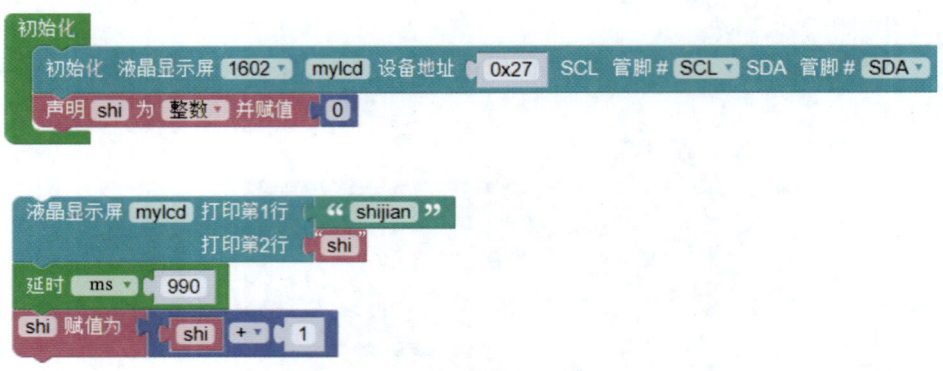

图 15-17　1602 显示计时变量的程序

3）2 个按钮计时器

(1) 认识"重复执行满足条件"代码块。"重复执行满足条件"位于"控制"模块中，它的作用是只要为真，执行一些语句，如图 15-18 所示。

(2) 认识"跳出循环"代码块。"跳出循环"位于"控制"模块中，它的作用是中断包含它的循环，如图 15-19 所示。

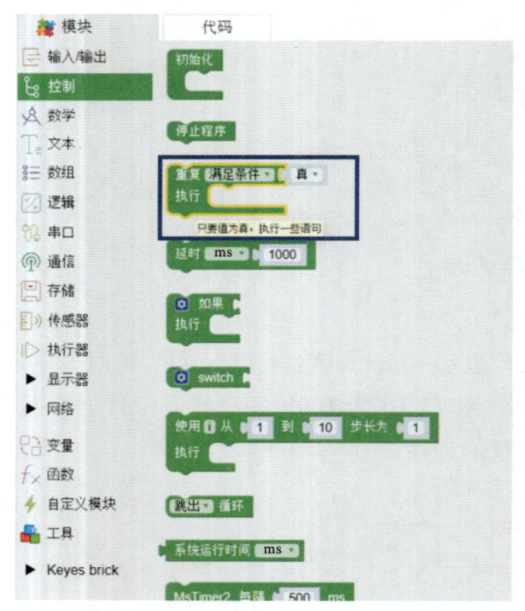

图 15-18　"重复执行满足条件"代码块

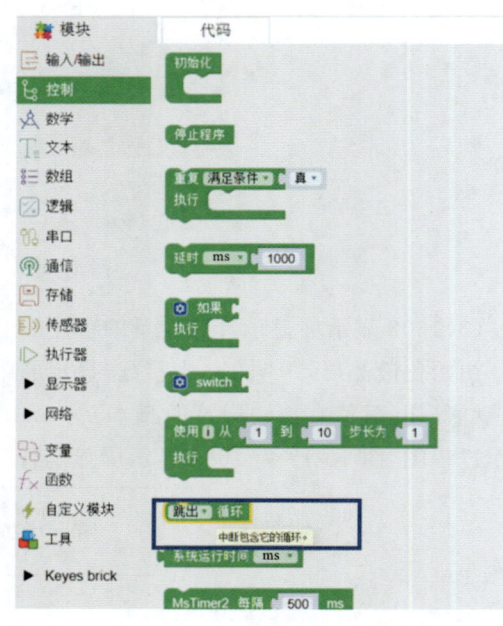

图 15-19　"跳出循环"代码块

(3) 2 个按钮计时器的程序。初始化液晶屏，声明 ji(时间)为整数并赋值为 0，显示屏第一行显示 ready。

当按下按钮 1，显示屏显示 timing，延时 35ms，ji 赋值为(ji+5)。如果按下按钮 2，显示屏清屏并且第一行显示 end，第二行显示 ji，延时 1000ms 后跳出循环，如图 15-20、图 15-21 所示。

项目十五 制作计时器

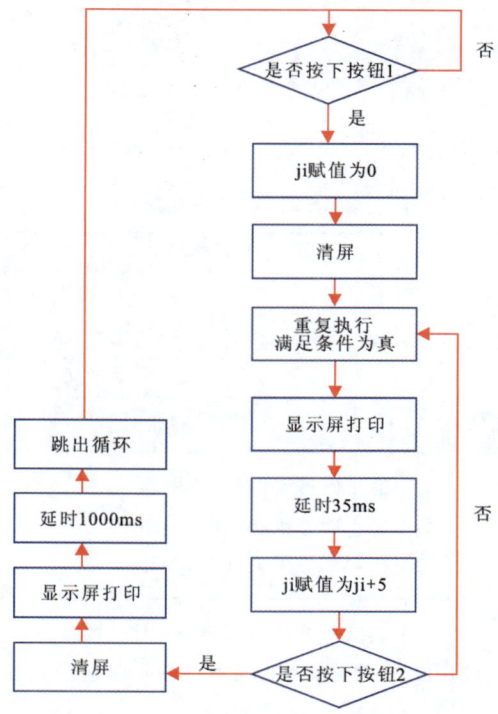

图 15-20 2 个按钮计时器工作过程图

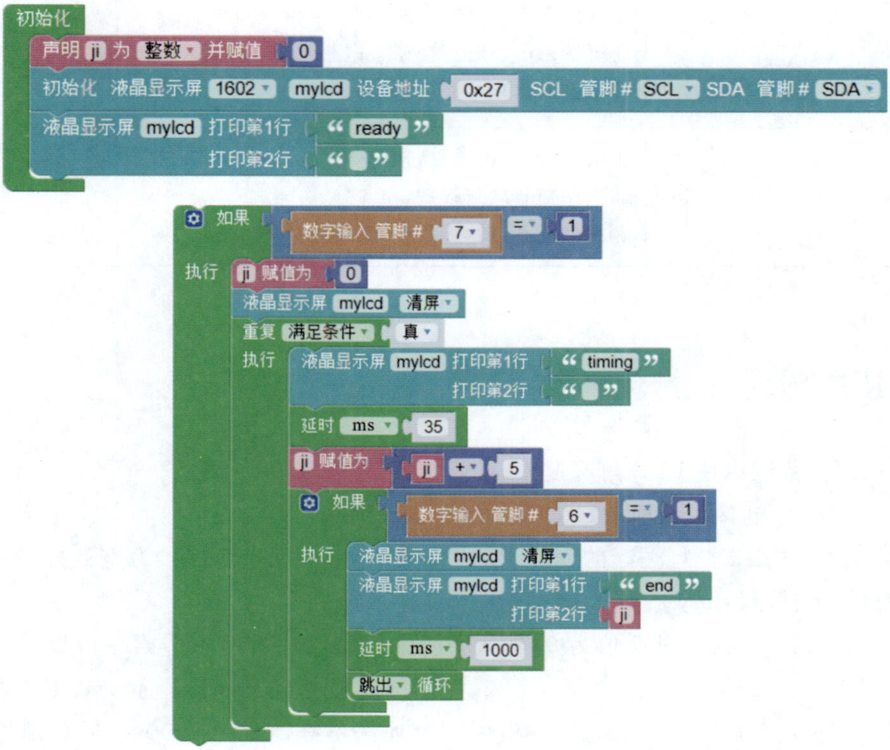

图 15-21 2 个按钮计时器的程序

六、项目评价

项目考核及评分标准见表15-2。

表 15-2 项目评价表

班级				同组人		
姓名				工时		
日期				得分		
序号	考核项目	配分	评分标准		扣分	备注
1	主体搭建情况	25	①不能正确搭建木板、使用螺母,扣10分 ②不能正确连接功能模块,扣10分 ③不按规范使用工具,扣5分			
2	项目完成情况	55	①不会编写按钮串口检测程序,扣10分 ②不会编写1602显示屏显示计时变量的程序,扣10分 ③不会编写2个按钮计时器的程序,扣10分 ④未能在规定时间内完成项目,扣10分 ⑤下课未能及时上交完整作业,扣10分 ⑥不会保存程序并退出,扣5分			
3	上课状态	20	①上课玩手机、睡觉,扣10分 ②上课随意离开教室,扣5分 ③上课结束不整理座位,扣5分			

七、拓展创新

如何在误差范围内使 LED 灯亮起?

(1)按图 15-22 连接按钮模块、1602 显示屏、LED 灯。

(2)误差范围内 LED 灯亮起的程序:初始化液晶屏,声明 ji(时间)为整数并赋值为 0,显示屏显示第一行打印 ready。

当按下按钮 1,灯不亮,ji 赋值为 0,显示屏清屏,重复执行:显示屏第一行显示 timing,延时 35ms,ji 赋值为(ji+5)。如果按下按钮 2,显示屏清屏并且第一行显示 end 第二行显示 ji,当 ji−1000<20 且 −1000>−20,灯就亮,否则灯还是不亮。延时 1000ms 后跳出循环,如图 15-23 所示。